境界で踊る生命の哲学

皮膚感覚から意識、言語、創造まで

傳田光洋［著］

東京大学出版会

All Life Dancing at the Boundary
Mitsuhiro DENDA
University of Tokyo Press
ISBN 978-4-13-013084-4

はじめに

自分が特に望んだわけではないが、なんだかいろんな「科学」に関わってきた。学生時代は、熱力学と生命現象について興味があって、水の化学熱力学を専攻していたが、前途をはばまれた。数年間、無為に過ごしたのち、皮膚の科学に携わることになった。前世紀の終わり頃には、ある程度、自分の考えで研究ができるようになり、かつての想いもあって、皮膚科学を超えて、神経科学、物理、化学、さらには数学の研究者とのつき合いが始まった。その結果、物理化学や数学の論文にも名前が入るようになり、はては心理学や進化論に関わる文章まで書くようになった。どの分野でも専門家と見なされなかったように感じる。本人も何が専門なのかわからない。しかし、そんな、とりとめのない放浪研究生活の中で、生命科学や物理、化学、あるいは人文科学の枠を超えて、なにか、まぼろしのようなもの、しかし、とても大切に思えること、それが見えてきた気がした。以下、そのいきさつ、あるいは物語のようなものについて書いてみたい。

目次

目次

序章　場というもの

「場」とはなにか

「場」という表現がある。英語で field のことだ。科学では古典物理学の分野の基本的な概念だ。磁場、重力場、電場、など。その「場」そのものには物質はない。「場」そのものは見えない。しかし「場」に物質が置かれると、「場」の存在が見えてくる。感じられる。ちなみに、アルベルト・アインシュタインの相対性理論では、エネルギーと質量（物質）が等価になる。量子力学では「真空」すらなくなってしまう。これから話す「場」は、前世紀初頭に現れたそれらの理論の「場」ではない。それより前の時代の概念だと考えてほしい。そう、むしろ「場の空気を読む」という嫌な表現の「場」のほうに近いかもしれない。

たとえば、棒状の磁石の上に白い紙を置く。そこにはなにも見えない。しかし、紙の上に砂鉄をまく。すると「磁場」が姿を現す（図0－1右）。磁石のN極とS極の間に磁場が見える（図0－1左）。地球は磁石であって、おおむね北極はS極、南極はN極にあたる。だから地球上の普通の場所、大きな磁場がない場所では、方位磁石のN極が北を指し、S極が南を指す。地球の磁場のことを地磁気という。

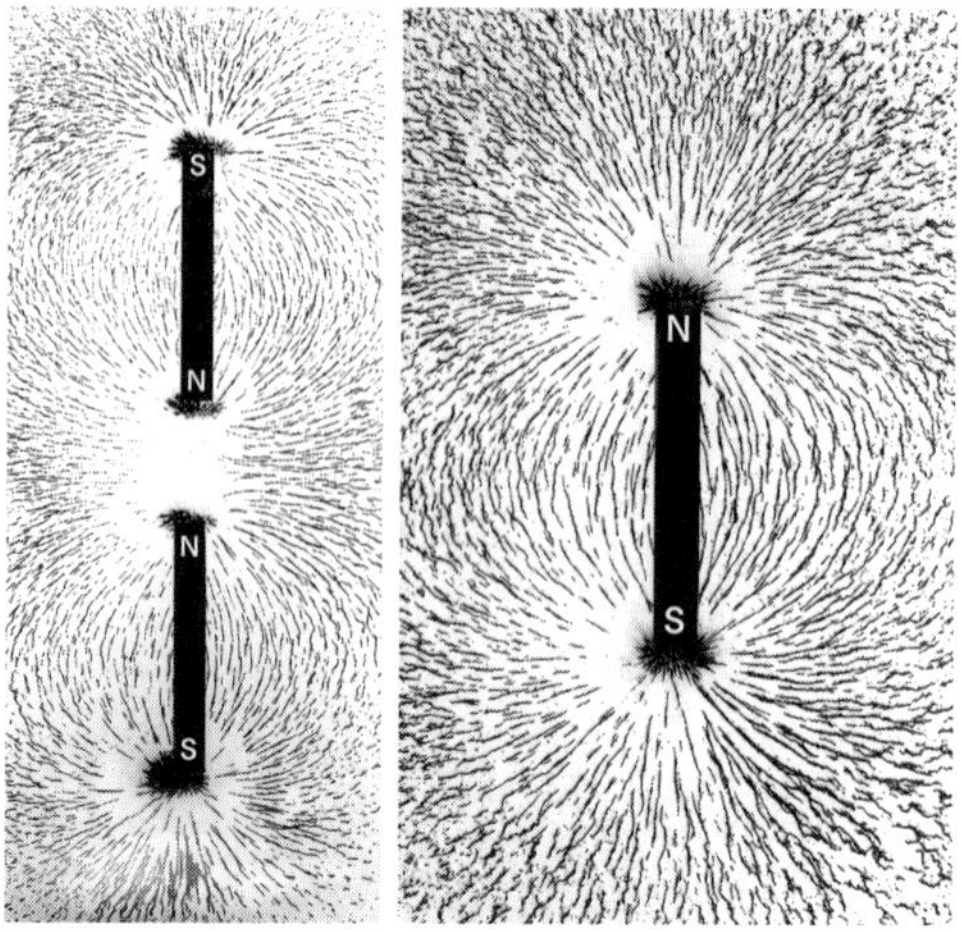

図 0-1　磁　場

　ぼくたちも地磁気の影響を受けている。ずいぶん前から動物、あるいは人間も磁場、あるいは地磁気を感じているのではないか、という指摘、研究報告は数多くあった。しかし、前世紀の頃は、そういう主張はオカルト扱いされていたように思う。ところが二〇〇八年、グーグル・アースで世界中のウシやノロジカ、アカシカが休んでいたり草を食べていたりしている際の膨大な写真を撮影した結果、彼らは南北どっちかに頭を向けて寝そべっている、という論文[1]が『米国科学アカデミー紀要（*Proceedings of the National Academy of Sciences: PNAS*)』という一流雑誌に掲載された。グーグル・アースを眺めて、一流雑誌に論文が掲載されるなんていいなあ、とうらやましがった研究屋はぼくだけではあるまい。

もっとも観察したのはウシだけで八五一〇頭だというから、並大抵の努力ではない。さらにこの研究者たちは、チェコで野生のキツネがネズミを捕らえる行動も観察している。(2) それによれば、キツネはなぜか北東方向に飛びかかる比率が高かったという。なぜ、そうなるのか、そうするのかはわかっていないが、その研究者たちは地磁気を一種の距離計として利用しているのではないかと考えている。

そうなると一流学者も真剣に、人間も地磁気を感知しているのではないか、と考え始めた。そして、ついに二〇一九年、著名な認知科学者である下條信輔を含む研究チームが、徹底的に地磁気を含むあらゆる磁気を排除する施設をこしらえ、その中で脳波が、地磁気程度の弱い磁場の影響を受けることを証明した。(3) 「磁覚」というのだろうか。「自覚」はないらしい。ただ、無意識のうちに、ぼくたちは地磁気程度の磁場の変化の影響を受けているのだ。

重力場は、あたりまえすぎて、アイザック・ニュートンが、リンゴが落ちるのを見るまで誰も気づかなかった（俗説らしいが）。しかし、地球の重力場より強い重力場は地球上にはない。だから、有史以来数千年間、誰も気づかなくても仕方ない。ところが、百年ばかり前、アインシュタインが「重力で空間が曲がる。その空間では光も曲がる」と言い出した。空間？　それが曲がるのか。これが相対性理論の予言の一つである。アインシュタインは一九二一年、ノーベル物理学賞を受賞しているが、その理由は相対性理論ではなく、物質に光を照射した際、電子が放出される、光電子効果の発見によってだった。なぜなら、重力で光が曲がることがアーサー・スタンレー・エディントンによって初めて観測されたのは一九一九年、その後、さらに確証されたのは一九二二年のことなのだ。(4)

「場」というのは、そういう具合で、なかなか理解されない。物理学の世界でも、たとえば磁場と電場の関係を見出したマイケル・ファラデーは、わずか二百年ばかり前の人である。ましてや、それが人間に及ぼす影響など、ほとんどわかっていないと言っていいだろう。しかしながら、生き物の目に見える動き、形《かたち》、などを考えるとき、言わば仮説として「場」という概念を使いたくなる。ファラデーが言いだし、後にジェームズ・クラーク・マックスウェルが体系化した「古典電磁場」では、場——ここでは電場と磁場——が物質抜きで相互作用する。ぼくは、すごい想像力だったと思う。さらに二〇世紀になって「量子場」という、もっと日常常識からかけ離れた概念が確立されたが、ぼくがこれから書く「場」は、「古典的な場」のイメージだ。

バーの「生命場」

かつて「生命場」という概念を提唱した学者がいた。アメリカの有名な大学、イエール大学の解剖学の教授だった、ハロルド・サクストン・バー（Harold Saxton Burr, 1889-1973）という研究者である。ぼくが皮膚の研究を始めた頃だと思う。彼の主著の翻訳『生命場の科学——みえざる生命の鋳型の発見』(5)をたまたま見つけて読んで、感動した。

まず驚いたのは、とても単純な方法で実験がなされていることだ。二つの電極を、塩水で満たされた二つの異なるコップに入れる。それぞれのコップに右手の人差し指、左手の人差し指を入れて電位差を測る。すると、女性の被験者の場合、排卵期に電位差が急上昇したというのだ。そこで確認のため、麻酔をかけたウサギを使い、おなかの皮膚と卵巣との間の電位差を測定したら、やはり排卵に伴い、電位差が大きく変化したという。卵巣の変化が両手の指の間の電位差にどうつながるのかはわからない。ただ、たとえば心電図のように、内臓の変化が身体の表面の電位変化を起こすことがあるので、この結果は十分ありうることだと思う。

さらにバーは、産婦人科医と共同研究を始め、おなかの皮膚と子宮頸部の間の電位差測定を、千人以上を対象に実施した。その結果、異常な電位勾配を示した患者一〇二人のうち、九五人に子宮から卵巣にかけて腫瘍が認められたそうだ。こちらは、ぼくも納得できる。後で述べるが、ぼく自身、今世紀の初め頃、同僚と皮膚の表と裏の電位差測定を行ったのだが、それが人為的に起こした肌荒れ、あるいは加齢変化に伴う電位差変異を反映することを見出したからだ。(6) 生体内の組織には電位差を起こすイオンの分布がある。腫瘍などの異常が起きるとその分布は変わるのだ。

バーの本に出会う少し前だったと思う。大学では物理化学を専攻していたぼくは、就職していた会社でいきなり皮膚の研究をやれと言われ、途方に暮れながら、辞書を引き引き、皮膚科学の専門誌を読んでいた。そこで、その数年後、留学することになるカリフォルニア大学サンフランシスコ校のピーター・イライアス（Peter Elias）教授の研究室の論文に出会った。あちこちで書いてきたが、ぼくの人生を変えた論文だ。一応説明しよう。皮膚表面で水を透さないバリアとして機能している角層という薄い死んだ細胞と脂質からなる層がある。これはセロハンテープかなにかで剝がせば壊れる。すると、一気に皮膚からの水分の蒸発が始まる。しかし、このバリアは自然に元に戻る。ところが、壊した後、水を透さない膜で覆うと、バリアは回復しない。水蒸気を透すゴアテックスで覆うと回復する。つまり皮膚のバリア機能は、常に自分の状態をモニターして、その機能を維持している[7]。

ここで、ぼくの頭の中で、バーの「生命場」と皮膚のバリア維持機構が結びついた。つまり、動物の身体の組織、それは脚だったり皮膚だったりするのだが、そこには本来あるべき「状態」があって、すなわち「場」が存在していて、ダメージを受けると、その「場」に沿って自動的に戻るしくみがあるということだ。

バーは、生きていらした間は、それなりに評価されていたようだ。アメリカの名門、イエール大学の解剖学の教授に三〇歳で就任し、多くの論文を発表している。それらのうち多くが、現在でも権威がある雑誌、『サイエンス』(*Science*)、『米国科学アカデミー紀要』に掲載されている。また、彼の主たる業績である生物、およびその表面や周囲の電位差測定という研究も、当時は異端ではなかった。たとえば、前に述べたように、心電図や脳波の測定は今も重要な臨床医学の手段として使われている。さらに、彼はカエルの坐骨神経系の電位差測定を行っているが[8]、その後、一九五二年、イギリスの生理学者、アラン・ロイド・ホジキンとアンドリュー・フィールディング・ハクスリーはイカの神経軸索の電位差測定から神経系の電位を記述する数理モデルを提案し[9]、一九六三年、ノーベル生理学・医学賞を受賞している。バーは現代神経科学の先駆者だったとも言える。

その後、バーは、過去の人、誤った生命科学の提唱者とされ、ほぼ忘れさられたようだ。ぼくが

『生命場の科学』を都内の大型書店で見つけたのは、自然科学書のコーナーではなく、なんと哲学書のコーナーだったのを覚えている。もはや自然科学ではなく、風変わりな哲学の一種と見なされていたのだろう。

その理由の一つは、ぼくの想像だが、二〇世紀後半に流行した、ニューエイジと呼ばれる宗教だかオカルトだかよくわからない思想、その啓蒙書などでバーの研究が紹介されたためではないかと思っている。さらには、前に述べた地磁気や後述する月齢が生体に及ぼす影響の研究までも、怪しげな心霊主義の本で紹介され、正統な（そして少し権威主義的な）科学者たちから、異端視されるようになってしまったと感じる。さまざまな空想をすることは個人の勝手だが、「自然科学を超えた心理現象がある」などという話をぼくは避ける。人智を超えるなにごとか、の存在を否定するわけではない。たとえば、後で述べるが、人間の深層心理における言語化できない構造、そこにおけるシンボル、という考えには同意する。ただ、それは、その領域での「科学」であって、むやみに自然科学と同等に扱われては困る。今の人間の智などたかが知れていて、それを超えるものはいっぱいあるだろう。しかし、根拠もなしに「私は科学を超える真理を知っている」などという手合いをぼくは嫌悪する。ぼくは、自分が世界を理解する手段、道具として実験科学的な方法だけを信じることにしている。ニューエイジのような思想は、その実験科学の発展には迷惑極まりないと思う。

バーの業績が忘れられた、もう一つの理由には、時代の流れ、生命科学の流行の変化があったとも思う。バーの晩年、一九六〇年代になってから、分子生物学は急激に進展した。すでにＤＮＡの構造は解明されていたが、さらに、そこに刻まれた情報が読み取れるようになった。さらに一九七〇年代には、たとえば利根川進が免疫のシステムを遺伝子の解析から明らかにするなど、生命科学の長年の謎が、次々に分子生物学の手法で解明された。

その流れの中では、たとえばイモリの脚の再生のメカニズムなども、再生のプロセスでどの遺伝情報が使われるか、というような議論が中心になって、「生命場」などという概念は時代遅れ、というよりオカルトじみた妄想だと片づけられるようになったと感じる。

分子生物学の進展

そんな時代、一九九〇年代初めから本格的に皮膚の研究を始めたぼくだが、どうもすべてを分子生物学で語ろうという風潮にはついていけなかった。その後、ぼくは百数十報ほどの皮膚科学の論文に関わっていて、その中には分子生物学的な研究や実験結果も、もちろん含まれている。それなしでは国際的な生命系、医学系の学術誌は論文を掲載してくれないからだ。しかし、変わり者扱いされるので公言は控えてきたが、ずーっと「生命場」のイメージは頭の片隅に居座っていた。

これは、ぼくが受けた専門教育が物理化学だったからだと思う。それも熱力学だった。目に見える物理学。水が凍って氷になる、お湯が湯気に水蒸気になる。こういう現象の科学だ。一方で、化学の中でも有機化学は分子生物学に近い気がする。ベンゼン環も遺伝情報も肉眼では見えない。

あるいは幼少期、自然豊かな田舎で育ち、川で魚を捕まえて水槽に入れて飼ったり、セミの幼虫の孵化を夜遅くまで眺めていたり、近所の崖で化石を掘ったり、まあ、そういう経験から科学の道へ進んでしまったので、目に見える生き物の不思議、のほうに惹かれるのかもしれない。さまざまな分野の研究者を見てきたが、その多くは、ある種の知的ゲーム、それを解く情熱を持った人たちだという印象がある。たとえば、生命現象を担う遺伝子配列を見出すため、遺伝子操作をした動物や細胞を作ってゆく。仮説を立てて検証し、その繰り返しの中から遺伝暗号を解読してゆく。観察というより解析というような営為だ。これはすばらしいことで、特に研究成果の応用を前提にすると、絶対に必要なプロセスだ。その一方で「生き物はすごいなあ」と、ただ感動するために研究する人間もいくらかいて、ぼくはそのタイプだ。

ぼくは数学や物理学も、才能はないのだが好きだった。ただ、それも解析、解読といった作業ではなく、その手段によって見える世界が変わってゆく、それに惹かれていたのだと思う。「場」に興味があるのも、その概念を使うと、ぱっと世界の見え方が変わる気がするからだ。

そんなわけで、分子生物学様にも敬意を示しながら、たまに「生命場」を思い出させるような論文を見つけると、ダウンロードして保存したりしてきた。そして、そう、最近になって「場の生命科学」が、静かに、しかし確実に復権しつつあるように感じる。自分自身の研究でも、そういうアプローチに手ごたえも感じた。以下、ぼちぼち語っていこう。

皮膚のバリアの場

前に少し述べたが、ぼくの研究のメインテーマになったのが、体内から水が流れ出ることを防ぐ、水を透しにくい膜、皮膚の表面にある死んだ細胞とその間を埋める脂質、それがレンガをモルタルではさんだような構造になっている角層（角質層）だ。

角層の下には、ケラチノサイトと呼ばれる細胞から構築される表皮がある。表皮の一番深い場所で細胞が分裂する。それが次第に形を変えながら表面に向かい、やがて死ぬ。死んで平たくなった細胞でできているのが角層だ。図0－2に示すように、死んで平たくなった細胞の間に脂質がはさみこまれている。その脂質は、表皮の最表層に現れるラメラ顆粒の中に入っていて、細胞が死ぬとき、外に放出される。生きている表皮の中では、そのラメラ顆粒の放出が徐々に起きている。

角層は常に更新されている。古くなって剝がれた角層が垢だ。そして、たとえばセロハンテープなどで角層を剝がす。すると、その更新が早くなる。その際、ラメラ顆粒の分泌が促進される。そして、健康な人なら二～三日でバリア機能は元に戻る。興味深いことに、その際、水蒸気を透さないプラスチックの薄膜で皮膚を覆うと、その回復が起きなくなる。ラメラ顆粒の放出が起きない。この、常に更新されている角層、角層バリアが壊れれば急いで修復される角層、そのしくみの詳細は、かなり複

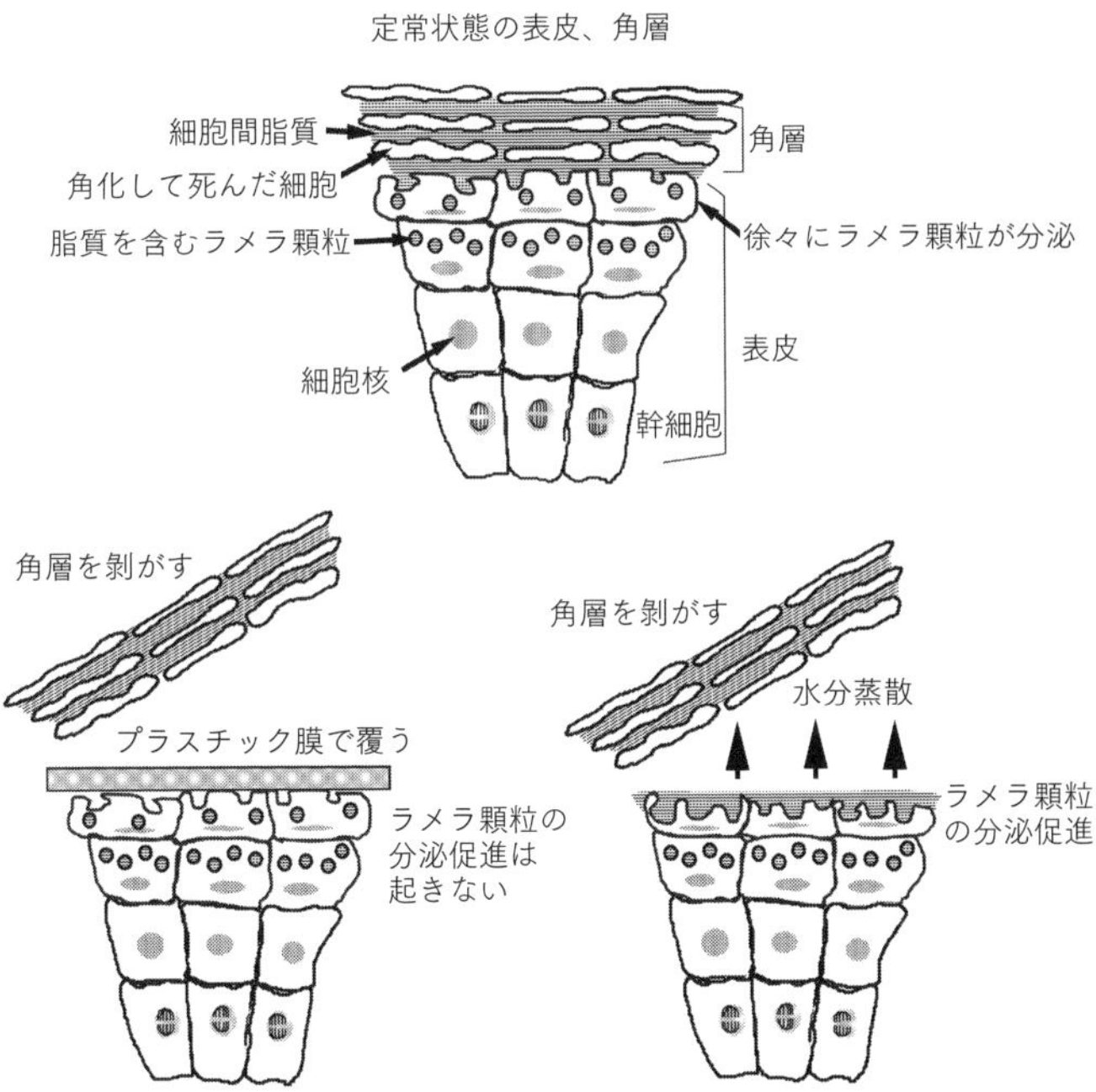

図 0-2　皮膚のバリア機能

雑だ。多くの因子が複雑に絡み合っているからだ。

二〇世紀の終わり頃、物理化学を専攻する中田聡と知り合いになった。「皮膚の表面には角層という層があるんですよ。剝がすと自動的に修復が始まりますが、プラスチック膜で覆うと戻らない。そして、その厚さは一定で変わらないんです」などと話していた。すると中田は、「あ、それ、湯葉に似てますね」と言った。あ、そうだな、と、ぼくも思った。豆腐を作る豆乳を煮ると表面にできる膜である。牛乳を煮ても同じような膜ができる。意味深にも英語で soy milk skin と言う。できた湯葉を剝がすと、またできる。その厚さは変わらない。鍋にフタをしておくと湯葉はできなくなる。

生物系の研究者から見れば、バカバカしい話に思えるだろう。角層形成は生命現象で、角層は表皮を構築する細胞のさまざまな生化学的現象の結果、形成される。湯葉は豆乳の中のタンパク質が空気に触れる界面で固まってできる。科学的にも全く別の現象だ。しかし、液体と空気の境界、そこで起きる全く異なる現象に、なぜ共通点が見出せるのか。液体という場、空気という場、それが触れ合う場、そういう観点から現象を眺めたら、新たな解釈ができるのではないか。

ここで角層が形成される過程を詳しく見ていく。角層を形成する表皮は、表皮細胞ケラチノサイトで構成されているのだが、その最深部に比べて最表層、角層ができる手前は負の電位を持っている。これは、最表層でカルシウムイオンの濃度が高いことによる。角層を剝がすと、そのカルシウムイオンの偏在は消え、電位差もなくなる。角層の修復に伴って、どちらも元のレベルに戻る。この現象を「場」という概念を使うと、簡単に説明ができる。表皮から角層に向かって表面がマイナス、負の電位の場がある。この場が、角層が常に更新されている原動力だ。角層バリアが破壊されると、この場が消える。皮膚表面の負の電位が消える。健康な皮膚だと、その場が元に戻る。それとともに角層バリア機能も戻る。

で、そのことを「場」抜きで書くとこうなる。以下、大変なので斜め読みしていただいてかまわない。①健常な表皮の最表層にはカルシウムイオンが高濃度で存在する。②そのために健常な表皮表面にはマイナスの電位がある。③角層を除去するとカルシウムイオンが拡散する。④表面の電荷も消える（図0－3）。⑤角層バリア機能の回復と同時に、カルシウムイオンの局在、表皮表面のマイナス電位も回復する。⑥カルシウムイオンの局在にはカルシウムイオンポンプ、カルシウムイオンチャネルなどの分子装置が寄与している。⑦それらの装置によってカルシウムイオンが表面に向かって流れる。そこで濃淡電池と呼ばれる現象が起きて、表面のマイナス電位が生まれる。⑧角層バリアを破壊した後で、皮膚表面に外から負の電位を負荷する。すると、カルシウムイオンの分布の復活が早くなり、バリア機能の回復も早くなる。

こう話すと、必ず出てくる質問がある。「表皮の中のカルシウムイオンの分布が先なんですか？それとも電位が先なんですか？」。ぼくの苦しまぎれの答えはこうだ。「カルシウムイオンの分布と、表皮表面の負の電位は一つのコインの表と裏です」。意外に、こう答えてもなお、「納得できない」と食い下がる人は、あまりいない。しかし、答えた本人が納得していない。ただの言葉遊びだよなあ、と思っている。

あるいは、ぼく自身が長年、不思議だと思っていたことがある。さっきは、さらっと書いてしまったが、どうやって表皮表面にカルシウムイオンが集まるのだろうか？なぜ瞬時そして角層バリアを破壊したら、にその勾配が消えるのだろうか？　そして、

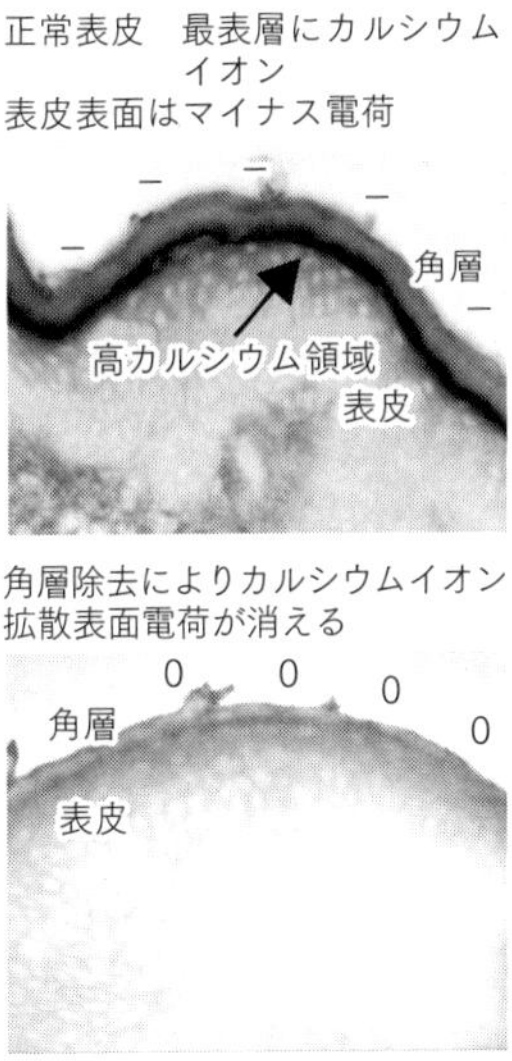

正常表皮　最表層にカルシウムイオン
表皮表面はマイナス電荷

角層除去によりカルシウムイオン拡散表面電荷が消える

図0-3　表皮内のカルシウムイオンの局在と拡散

バリア破壊の後、負の電位を皮膚表面に負荷したら、カルシウムイオンの勾配が元へ戻りましたね。でも、ぼくの電気化学の知識では皮膚表面に負の電位を乗せても、ごく表面の正の電荷を持つカルシウムイオンは表面に動くが、その力が表皮全体に及ぶことはありえない。どうなってるんですか？

今世紀の初めまで、国際会議に招待されたりしたとき、懇親会で著名な皮膚科学研究者たちに同じ質問を繰り返した。「なぜ表皮表面にカルシウムイオンが局在するんですか？」「そりゃ君、表皮表面のケラチノサイトにはカルシウムイオンとくっつきやすいタンパク質があるからじゃよ」「なぜ表皮表面のケラチノサイトにそういうタンパク質が多くあるんでしょうか？」「そりゃ表皮表面でケラチノサイトが分化するからじゃよ」「どうして表皮表面でケラチノサイトは分化するんですか？」「そりゃ表皮表面にカルシウムイオンが多くあるからじゃよ、そんなことも知らんのかね、君は」「……」。

結局、すべての問題が解決したのは、ケラチノサイトどうしの相互作用をもとにした数学的なモデル表皮をコンピュータの中に創り上げてからだ[10]。このモデルでは正常時、表皮表面のカルシウムイオン濃度が高い状態が保たれる。角層バリアを破壊するとその局在が消えるが、時間とともに元に戻る。バリア機能も回復する。このモデルで重要な点が一つ。角層になる細胞が死ぬのと同時に、その下の細胞を興奮させる因子が放出される。それは電子でよいとぼくは考えている。それ以外にも、細胞が死ぬときにはさまざまな因子が放出されるので、これは自然な設定だ。

それが答えだ。なんだって？　答えになってない？「なぜ？」が語られていないって？　はい、そうです。コンピュータ・シミュレーションの結果がそうなったからです。でも「答え」があれば、数理モデルも必要ないし、シミュレーションもいらない。「なぜそうなるのかわからない」現象に出くわした場合、その基本になるプロセスを洗い出し、現実を単純化させた数学的モデルを作って、さてどうなるか、シミュレーションする。

数理モデルも、実際の現象に比べて簡略化されているけれど、「場」を形作ってみせたのだ。「場」を構築するのは、細胞であり、細胞が持つタンパク質装置であり、それで移動させられるイオンであり、イオンの移動で生まれる電気現象であり、あるいは電気現象がイオンの移動に関わり、イオンの移動がタンパク質装置を駆動させ、それが細胞の状態に影響し、結果として、たとえば角層バリア機能のような目に見える現象に結びついていくのだ。

「数理モデル」の基礎となった図0-4を示す。ここで「カルシウム」はカルシウムイオン、電荷を持って水の中を動き回れる状態だ。そしてコンピュータの中に作った表皮の角層バリアを破壊すると、カルシウムイオンが拡散し、やがて元に戻った状態を再現したシミュレーションの結果を下に示す。細胞どうしのコミュニケーションにはさまざまな分子などが関わっているが、あえてここではATP（アデノシン三リン酸）、IP3（イノシトールトリスリン酸）、カルシウムイオンだけにしてある。

「なんだ、結構ややこしいじゃないか」と思われるかもしれない。ところが、細胞生物系の研究者には、これでさえ評判が悪い。「ワタシの研究人生を賭けたタンパク質、酵素、受容体が入ってないじゃないか！　こんなの、ニセモノだ、インチキだ」と罵倒される。

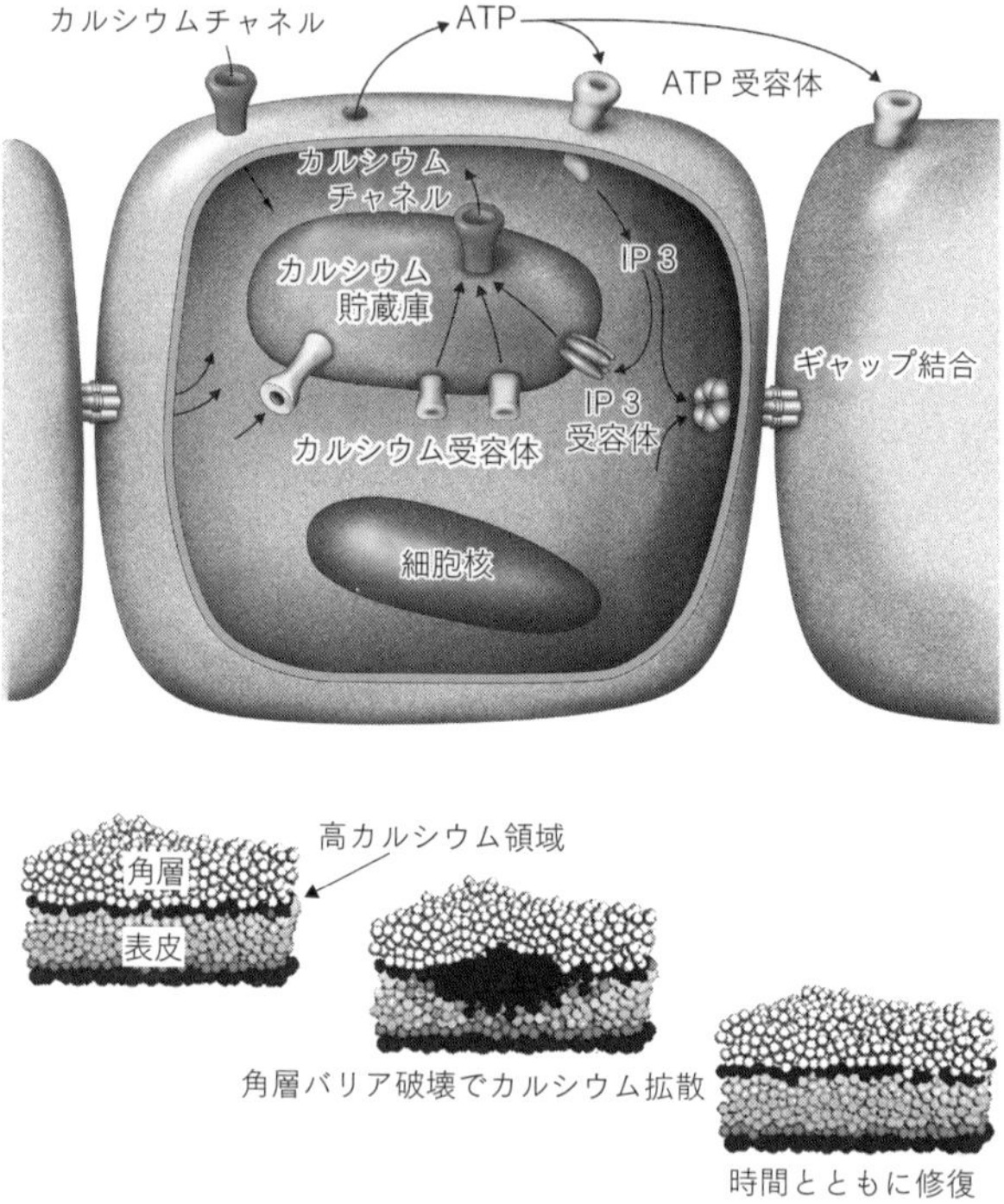

図 0-4　数理モデルの基礎

現代の多くの分子生物学者、生化学者は限られたタンパク質や酵素、受容体やらの研究に専念している。それはそれで科学の進歩に重要なことだ。表皮が角層になる過程にだって、膨大なタンパク質やら脂質が関わっている。そう、たとえば草原や森、湿原などが存在するにも、多くの動植物が関わっていて、それら個々の研究は大切だ。しかし、それが季節や天候によって目に見えて変化すること、それを予測するためには、水や水蒸気の移動のような巨視的な動きだけからなるモデルが必要だ。もっと大きいモデル、地球を生命体と考えた「ガイア仮説」というものがあるが、そこでは地球上の犬や猫、ライオンやタンポポ、ヒマワリや山椒の木などの個々の生態は記述されていない。モデルはあくまでモデルであって、細部まで記述した現実ではない。しかし、モデルだからこそ見出せることがある。

境界への注目

角層の形成も湯葉の形成も、異なる場が触れ合う境界、その存在が要因になっている。そういう「境界場」という考え方、見方をすれば、物理学的現象、化学的現象、生物学的現象などを貫いて論じる、新しい世界の見方ができるのではないかと、ぼくは考え始めた。

実は、皮膚表面の電位、これも今の皮膚科学の世界では異端的な発想だった。ぼくの経験では、心理学者はたいてい、皮膚の電気現象を知っている。一九世紀、人間の皮膚の電位が心理状態の変化に伴って変異することが発見されたからだ。ウソ発見器などもその応用例だ。一方で、皮膚科学者は――そのほとんどが皮膚科医だが――、「皮膚電位なんて、なにそれ、知らないよ。オカルトじゃないの?」という反応がほとんどだった。

皮膚電気現象はずっと、皮膚の汗腺の動きで起きると考えられていた。緊張すると冷汗が出るから、まあ、そうかな、と思う。ところが一九八二年、汗腺がない唇にも電位はあることを示した、「毛のない表皮には強力な電池がある」という論文が発表された[11]。

ぼくはずっと、表皮の中のカルシウムイオンの動きに興味があった。これはぼくの恩師であるカリフォルニア大学サンフランシスコ校のイライアス教授とゴピナタン・メノン（Gopinathan Menon）が発見したことだが、それをリアルタイムで測定できないか、と考えていた。そのとき、この論文を見つけた。組織の中のイオンの動きは電位変化を起こす。そこで電位差を測り始めた次第だ。さらに言えば、その流れの中でバーの研究を見つけたのだ。

その後も、風変わりな研究ばかり続けてきて、日本の医学系の学会では全く相手にされないが、海外では、オリジナリティーがある研究者として、そこそこ評価されるようになった。それは「場」への関心のおかげだと思っている。

脚が生える場

バーの後、電場が生体に及ぼす影響を精力的に研究したのは、ニューヨークの退役軍人病院に整形外科医として勤務していた、ロバート・オットー・ベッカー（Robert Otto Becker, 1923-2008）だ。主著に *The Body Electric*[12] がある。おもしろい本だが翻訳はされていない。個人的な思い出を書かせてもらえば、今世紀の初め、脳とコンピュータの研究者、松本元と知り合った際、ぼくはバーの『生命場の科学』を差し上げた。すると、お返しにいただいたのが、そのベッカーの本だった。物理学を専攻した研究者にとっては、バーやベッカーの主張は奇異なものではなかった証拠だと思う。

ベッカーの論文で印象的だったのは、一九七二年、有名な雑誌 *Nature* に掲載されたもので、ラットの前脚を切断して、そこに電位を負荷した。すると、骨、骨髄、軟骨、神経、皮膚、筋肉の再生が進んだ、というものだ。(13) 残酷な実験だと思われるだろう。ただ、ベッカーは、戦場で手足を失った兵士たちのための臨床医だったのだ。その方法論の探索のための実験だった。イモリやサンショウウオの脚は切断しても再生する。しかし、哺乳類の脚を切断すると再生されないと考えられていたから、画期的だった。ところが、その後、その現象は電気的な刺激によるものではなく、摩擦や圧迫など機械的刺激に対する応答ではないかという批判も出た。十年前、それを新しい組織化学的手段、つまり軟骨、骨などを染め分ける方法で追試した研究が発表された。(14) その結果、電位を負荷した場合、明らかに切断面での軟骨、骨、血管の再生が起きていることが確認された。完全な再生には遠いが、電気的な刺激が組織再生を促す因子であることは確かなようだ。

ベッカーはその後、現代社会におけるさまざまな電磁波の潜在的な危険性についても主張を始めた。高圧電線の近くでよくないことが起きる、という噂の出どころはベッカーだ。それらについて、ぼくはさまざまな論文を集めたことがあるが、否定する論文と肯定する論文が、それぞれどっさりあって判定が困難だった。その上で個人的な見解を述べておけば、現時点でぼく自身は生活環境下の電気製品などは気兼ねなく使っている。

身体が記憶する

哺乳類では欠損した脚などを再生させることは難しいが、もっと簡単な構造の動物の場合、たとえば身体を二つにされても二つの個体になる。驚くべきことに、その個体が持っていた記憶も、二つの個体に引き継がれる場合がある。その現象にも電気的な場が重要だ。

再生力が強い動物にプラナリアがいる。水がきれいな渓流の石の裏などに棲む動物で、簡単な構造だが、脳のような神経の塊もあり、眼もちゃんと二つある（図0-5）。アメリカ、タフツ大学のマイケル・レヴィン（Michael Levin）はこの動物を使って、学習、記憶のありようや、そこにおける電気的な場の重要性を示唆する研究を行っている。彼もまた、バーの後継者と言える。

プラナリアはデコボコがある容器の上を移動するのを嫌うようだが、あえてそのような容器に入れ、一定の場所にエサを置く。すると、一〇～一一日も経つと、デコボコを乗り越え、エサに向かって這い進むようになる。つまり学習し、記憶する。そこで、そのプラナリアを頭と尾に切断する。二週間経つと、頭のほうからも尾のほうからも残りの部分が再生し、それぞれ一匹のプラナリアになる。つまり二匹になる。そしてそのプラナリア、どちらも、つまり頭から再生したプラナリアも、尾から再生したプラナリアも、デコボコを越えてエサを求める「記憶」を持っていたという(15)。

次に、三つに切断したプラナリアで、真ん中の部分——頭も尾もない場所だが——の両端の電位を低くすると、両端が尾の個体ができる。片方の電位を高くし、もう一方を低くすると電位が高いほうが頭、低いほうが尾の個体になり、両端の電位を高くすると、両端に頭がある個体になった(16)。

これらの実験結果は、生物の身体を構築する、その基礎に電気的な場が重要であり、さらには学習、記憶、というような現象にもそれが関わっていることを示しているように思える。さらに空想を広げれば、ぼくたちは自らの記憶、それはすべて脳にあると信じている。実際、脳の一部が欠損すると、言語能力など、欠損した部位によって、記憶や学習の一部が機能しなくなる。人間の脳が人間の記憶や学習に寄与しているのは間違いがない。しかし、記憶のすべてが脳に存在するのだろうか。

よく知られた現象に幻肢痛がある。事故などで欠損した手や足——そこにないはずの部分——に、痛みなどを感じるのだ。これは、脳に失われた手足の記憶が残っているから、痛みは脳にあるから、というふうに解釈される。しかしながら、逆に、身体には身体の場がある、そのようにも考えられないだろうか。健常者の場合、その脳の場と実際の身体の場が緊密に連携しながら、感じ、考え、行動する。手足が欠損すると、脳の中に残った身体の場のために幻肢痛が起きる。逆に、脳の一部に欠損が起きると、たとえば脳梗塞で運動障害が起きた場合には、身体の場が正常でも、脳の場の異常で運動障害が起きる。つまり、脳の場と身体の場との協調で、ぼくたちの身体機能および身体記憶が成り立っているとは考えられないだろうか。

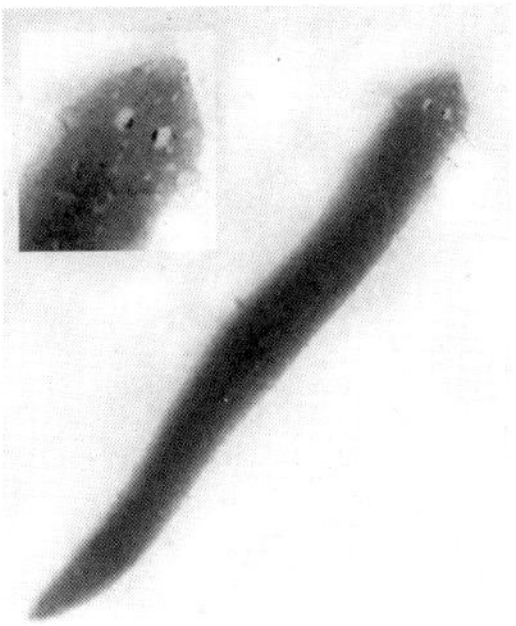

図 0-5　プラナリア

よく考えれば、たとえばゾウリムシのような原生動物は、細胞分裂によって個体を増やすが、人間でも皮膚、表皮などの組織では、細胞レベルの再生は常に起きている。高度な神経系、循環器系などは大きな個体の機能を維持するのに必要なのだが、そのように大きな、そして緻密な構造を再生させるのは難しい。さまざまな動物は、再生が容易な簡単な構造を選ぶか、高機能でも再生が困難な構造を選ぶか――それぞれの環境の中で生存に適した形が残ってきたのだろう。

このように「場」という概念は、生命現象を論じるにあたって、なかなか便利だ。しかし、それだけではない。人間の心、意識、判断、そして行動は、知らないうちに「場」に操られている。人間について論じる場合、このような場についても考えなければならない。次章では、そんな人間を操る場について述べよう。

第1章　場に操られる人間

磁場が生体に及ぼす影響

　昔の人は、神様や霊魂やなにかによって自分や他人の意識が惑わされることをあたりまえだと思っていたようだ。ところが、科学技術の発展で、神様や霊魂、妖怪の類は追放されてしまい、人間は人間の意志だけで生きていける、そう考えるようになったと思う。その流れの中で、人間の脳について語れば、人間の意識や行動、すべてが理解できるという風潮も強くなったと感じる。

　なので、人間の意識が及ばないなにかによって、人間の意志が、脳が影響を受ける、という話は、オカルト扱いされるようになってきた。たとえば、ぼくは今世紀の初め頃から、表皮に光や音や電場や気圧のセンサーがある、そればかりか、脳で情報処理に携わるシステムも表皮にある、脳が全身に指示を出す際、放出するホルモンやなんかも表皮は作る、と主張してきた。できる限り、緻密な実験データも添えて、国際的な学術誌に論文として発表してきたのだが[1]、日本の医学系学会では未だに無視されている。幸い、十年ほど前から、海外の研究者の中に、ぼくたちの研究を確かめてくれる人たちが現れて、論文が引用されることが多くなり、あるいは論文の執筆依頼、招待講演の依頼が来るようになっている。

表皮の感覚の存在を認めると、これまではオカルト扱いされてきた現象の中にも、実は真っ当な科学として研究対象になることがあると思える。たとえば、序章で述べた地磁気がそうだ。表皮細胞が地磁気の変動を感知することはすでに報告されていた[2]。その論文は無視されていたが、序章で紹介したように、権威ある雑誌に論文が出る、権威ある研究者が論文を書く[3]と、たちまち常識になる。

調べてみたら、その後、この文献を引用し、磁気が生体に及ぼす影響を検証した論文がいっぱい出てきた。たとえば、ＤＮＡに磁場が作用するという。この論文で用いられている磁場は地磁気に比べてずいぶん強いのだが、その磁場が腸や肺のガン細胞のＤＮＡ合成を下げた。そして腸のガン細胞の増殖も低下させたという。さらに論文の著者たちは考察の中で、生体の非対称性、左右の違いにまで言及している。生体を構成するＤＮＡもアミノ酸もカタツムリの殻も人体も、左右対称ではない。その起源が磁場ではないかと考えている。生命誕生の原点に磁場が関与していたというのだ[4]。

もっとすごいのは、動物の脳の中で起きる電気現象、これが別の脳に作用するんじゃないか、という、テレパシー、ほとんどＳＦのような仮説をイランの研究者が提案している[5]。

以前から、たとえば一緒に授業を受けている高校生の脳波が同調するという報告があった。その論文では、対面している生徒どうしにより顕著な同調が認められたことから、アイコンタクトが脳波同調のきっかけだと結論づけている。(6) ところがその後、ネズミ(7)やコウモリ(8)の脳の電気活動でも同調現象があることが報告された。それぞれ、同じ飼育器にいた場合に同調が認められた。だから、これらも「眼と眼で話し合った」結果なのかもしれない。しかし、どちらも数秒単位の変化で同調が認められ、特にコウモリの実験では一秒間に一〇回ほどの細かな電気変動がほぼ一致していて、それが九〇分以上続いたのだ。アイコンタクト――あるいは人間の耳では聴こえない高周波音でのやりとりだったかもしれないが――で、そこまで細かな変動を長時間、同調できるのだろうか。

前述のイランの研究者の仮説論文(5)は、脳が起こす電位変化、それ自体が他者の脳の電気状態に影響し、同調現象を起こすのではないかと主張している。かつてなら一笑に付されたかもしれないが、地磁気のような弱い磁場が脳に作用することが明らかになったのである。脳の電気現象、脳波は、頭の皮膚表面に電極を貼るだけで測定できる。つまり、脳の電気状態の変化は皮膚表面に現れている。それが誘導する電磁場がどこまで届き、他者の脳にどれほどの作用を及ぼしうるのかはわからない。ただ、皮膚表面の表皮細胞には電位を感知する受容体があることはわかっていて、(9) かつ金属で皮膚表面に触れるだけで、表皮の生理状態に影響が現れることもわかっている。(10) 途方もない仮説に思えるが、奇特な研究者が検証してくれるとありがたい。

月に宇宙に惑う

地磁気や磁場が生体に及ぼす影響、これはオカルトから真っ当な科学になってきそうだ。そこで、未だにオカルト扱いされていそうな話題をあえて紹介してみよう。

まず月だ。満月と新月の周期、月齢、それが人間に影響を及ぼすことは古くから話題になっていた。冷静に考えればあたりまえだと思う。たとえば、海の満ち引きに月齢が影響することは常識だ。月の満ち欠けは、地球と月と太陽との位置関係の変化による。特に新月と満月のとき、図1-1に示したように、月と太陽とが地球から見ると重なる。そのとき、太陽からの引力と月からの引力が一緒になって大きく海を引っ張り、大潮になる。つまり、月との位置の変化、それによる引力の変化は、海という巨大なものに作用する。もし人間の身体がその力に対して全く影響を受けないとするならば、人間の身体は海をも動かす力を打ち消すしかけを持っていることになる。それは、すなわち月の満ち欠けに人間の身体が応答していることになるのではないか。

ところが一九八五年、すでに報告されている三七件のデータを解析した結果、月齢と人間の生理状態はほぼ無関係です、まあ、月についての迷信を信じる連中の心理は研究する価値があるかもしれませんが、という論文が刊行された[11]。

とたんに、その方面の論文は出なくなった。医学系研究者、特に日本や当時の西側諸国の研究者にとって「オカルト」扱いされることは致命的だった。公的な研究資金も得られなくなる。物理学、工学、薬学関係の著名な研究者の中には、たとえば東洋医学の「気」に興味を抱く人も意外にいるのだが、やはり学会の評判が大切で、危ない話題には手を出さない。

そう思っていたら、地磁気が人間の脳に影響を及ぼすことが常識になった。とたんに、ぞろぞろ、月の影響の論文が発表され始めた。

まずは無難にマウスを使った実験である。脳に松果体という部分がある。メラトニンなどのホルモンを分泌し、身体の日内変動や性機能にも関わると考えられている。その松果体からの分泌顆粒の放出が満月のときに多くなるという[12]。

ネズミの次はウシだ。北海道の農場でのウシの自然分娩が月齢の影響を受ける、上弦の月から満月の時期にかけて増えるというのだ。これはなんとなく納得できる。すでにマウスで脳のホルモン分泌

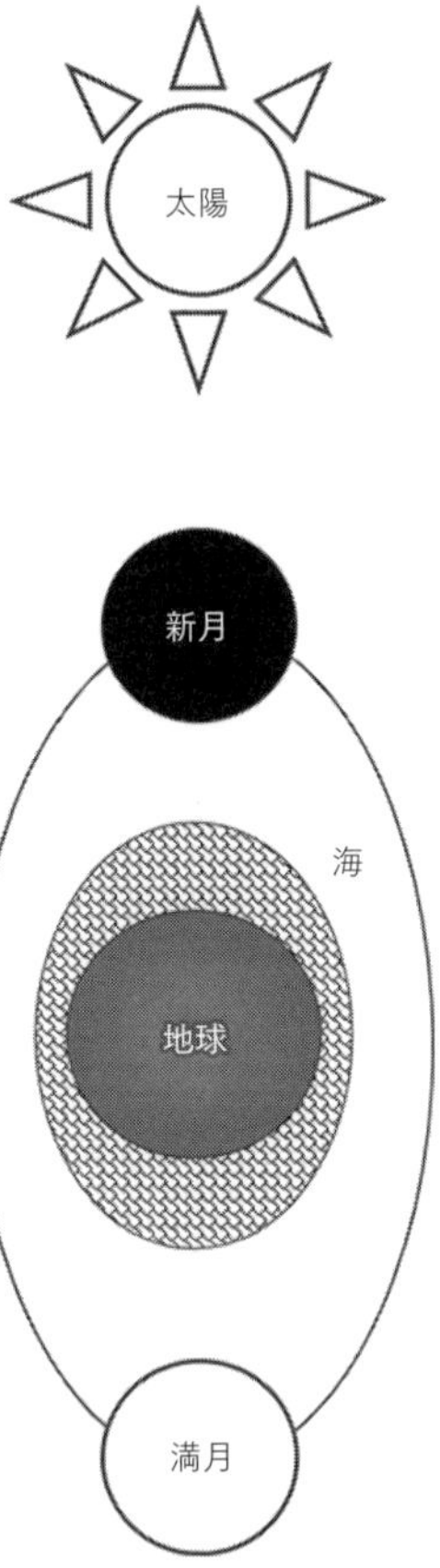

図 1-1　月と海

に関わる松果体への月齢の報告があるからだ。(13)

ネズミとウシに月の影響が現れるのなら、人間に影響が現れても不思議ではない。松果体は日内変動に関わるメラトニンを分泌しているのだ。多分、そのためだろう。月齢と睡眠の関係についての報告がある。スウェーデンのウプサラで調査された結果だが、男性について、満月の頃、睡眠が短くなる傾向があった。この論文では因果関係については結論を控えている。(14)

旧東欧では、もっと不思議な報告がある。ワルシャワでの株式市場での取引が満月の時期に高くなる。(15) なんだかとんでもない話に思えるが、ちょっと検索すると、日本の有名な証券会社が月齢と株価平均のグラフを掲示していた。株取引の専門家にとっては、月齢が株価に影響することは有名な話らしい。あるいはセルビアで、二〇〇六年から二〇一二年までの鉄道事故の記録を調べた結果、満月の時期に頻度が高くなる。(16) どちらの論文でも、月齢と現象との因果関係、メカニズムについてははっきりした記述はない。

月齢の変化は、前に述べたように重力の変化だろう。それは体表だけではなく、全身に作用すると思われるので、メカニズムの解明は難しそうだ。しかし、月の満ち欠けは、古くから考えられていたように、確実に人間の行動や意識に作用しそうだ。この分野でも、どこかの、すでに功成り名を遂げ権威あるセンセイに「それは存在するのじゃ」という検証をしてほしい。

人間に作用するのは月だけではない。太陽の状態も作用する。太陽の表面で爆発が起きると、高いエネルギーを持った粒子が磁場を伴って地球に吹きつける。これを太陽風という。オーロラは、この太陽風が地球の大気圏の分子とぶつかって生じるという説がある。地磁気の変化が人間の脳に作用することはすでに常識になった。当然、この太陽風も人間に影響を及ぼすだろう。太陽風が強くなると地磁気が乱れる。これを磁気嵐という。これが人間の情動や生理に影響を及ぼすという論文も増えてきたように思う。(17) この磁気嵐も人間の社会活動に影響するという報告がある。(18) その論文の著者によれば、投資家の判断が感情的になるせいか、市場が混乱するという。

地磁気は地球の地殻変動、地震の影響も受けるようだ。夜、寝ているとき、地震の前に目が覚める、という人がいる。ぼくもかつてはそうだった。あまり人には言えなかったが、最近の研究報告を眺めていると、あながち変な話でもなさそうだ。地震は地殻変動が原因だ。それが地球をとりまく大気の上層部にある電離層、そこの電子の量に作用する。それを利用すれば地震の予知も可能ではないかという研究がある。(19) 電離層は、太陽光線で大気上層の原子、分子が電子を放出し、イオンの状態になっている領域だ。当然、夜は薄くなる。高い場所にしか存在しなくなる。ＡＭや短波ラジオを聴いていると、夜はいろんな放送が受信できる。これは、遠くの放送局の電波がより高い電離層に達して反射するためだ。それが地震の前に変化するなら、ラジオ電波も変化するだろうし、なにせ地磁気の変化も感知できる人間の脳である。目が覚めてもおかしくない。

においの場

さて、ここまでは地球や宇宙につながる壮大な「場」の影響について紹介した。一方で、人間の眼や耳で感知できない場、小さな場として、においの「場」についても紹介しておこう。アロマコロジーなどで広く知られているにおいの影響についても、多くの研究が報告されている。

ぼくが「におい」に興味を持ち始めたのは、二〇世紀の終わり頃だ。ペントバルビタールという鎮静催眠薬でネズミを眠らせる。そこにさまざまな香料を置く。柑橘系の刺激を感じるシトラルバ、ジャスミンに含まれるフィトールの場合には、目覚めるのが早くなる。逆にバラに含まれるジメトキシメチルベンゼン、睡眠効果が知られていたヴァレリアンなどの場合は、目覚めが遅くなる。だから前者にはある種の覚醒効果があり、後者には鎮静効果があると判断された。これは人間の脳波を用いた実験でも確認されている。[20]

その一方でぼくは、ネズミでも[21]人間[22]でも精神的なストレスがあると、角層バリアを破壊した後の回復が遅くなることを確認した。

ここで当時のぼくの嗅いだ「気分」を思い出すと、フィトールもジメトキシメチルベンゼンも、ああ、香水の原料のにおいかなあ、と感じただけで、前者で目が覚める、後者で眠くなる、リラックスできる、とは感じなかった。だから、それらの効果は意識への効果ではなく、無意識、意識下への効果だったと言える。

それなら、ストレスを与えて角層バリアの回復が遅れそうなとき、鎮静効果がある香料を嗅がせたら、その遅れを阻止することができるのではないかと考えた。そしてネズミと人間で実験した結果、予想通りの結果が得られた。[23][24] ストレスによる回復の遅れは、鎮静効果があるジメトキシメチルベンゼンでブロックできた。ここで、嗅覚―脳―表皮、というつながりが確認できたとも言える。

嗅覚あるいはにおい分子が人間の意識、行動などに及ぼす影響については、膨大な研究報告がある。そこで、この数年の間に報告された中で、印象に残った論文を紹介しよう。たとえば、動物にフェロモン、異性を惹きつけるにおい分子があるということは古くから知られていたが、人間にもあるらしい。人間の社会はややこしいので、その効果も多様なようだ。

手のにおいによって、人間はそのにおいの持ち主の性別をある程度判断できるようだ。さらに、その成分、揮発性分子を分析し、多変量解析を行った結果、その分子の種類の分布に男女差が見出されたという。[25]

同性どうしの「友情」にも、においが関わっているかもしれない。インターネットで公募した被験者の体臭――ニンニクを食べたり香水を使ったりしないようにして集める――を嗅がせるうち、繰り返しにおいを嗅ぎ合うパートナーの間には、その後のつき合い、友情が生まれたという。[26] まるで犬かなにかではないか、と思うのだが、この論文の著者たちは、人間の社会においても「においの化学」によるつながりがあるという。ふと、ぼくは親しくしている友人たち（男性）を思い出した。ぼくはあいつらのにおいを嗅いでいたのだろうか。なんだかいやだなあ。

人間の体臭成分に、ヘキサデカナールという分子がある。これが人間の男女それぞれの感情に異なる影響を及ぼすという報告もある。[27] 脳のイメージングも行った綿密な研究だ。六〇人の女性、六七人の男性の被験者に、架空の相手とお金のやりとりをするゲームをやらせる。「最後通牒ゲーム」と呼ばれるものだ。この研究の場合、九ドル以下のお金が用意されている。被験者はその分配額を決めて（架空の）相手に提示する。相手が合意したら、そのお金は被験者の実験参加の報酬になる。しかし、相手が拒否したら、二人（被験者と架空の相手）はどちらもお金がもらえない。

そしてこの実験では、実は被験者がどんな提案をしても相手は拒否するしかけになっていた。つまり、報酬がもらえない。その際、被験者に、普通の顔から激怒の顔まで六段階の感情をマンガで表示したボタンを押させて、そのときの気分に最も近いものを選ばせた。その実験中にヘキサデカナールを嗅がせたり嗅がせなかったりしたのだが、ヘキサデカナールは男性の激怒、攻撃心を抑える効果を示した一方で、女性の攻撃心を増加させた。ＭＲＩという方法で脳を観察したら、ヘキサデカナールは男女それぞれの脳の左側を活性化していたが、その後、脳の中で情動や社会性に関わっていると考えられている部分――扁桃体、眼窩前頭皮質――の応答が、男性では増加し、女性では低下していた。ただ、扁桃体、眼窩前頭皮質、これらがどう応答したらどんな情動変化が起きるかなどが完全にわかっているわけではない。

論文の著者らは、人間の攻撃的行動について、たとえば精神的ストレスが大きくなると男性は攻撃的になり、女性は攻撃性が下がる、ストレスが減ると男性の攻撃性は下がり女性は上がる、という。言われてみれば、男性であるぼくは、ストレスを感じているとき、カンシャクを起こしやすいような気もする。女性の方々、どうですか？　このような性別による攻撃性の変動に、におい分子が関わっている理由として、著者らは女性が子育ての折、赤ちゃんのにおい、危険かもしれない男性のにおいに対する影響を受けることを示唆している。人間進化の過程で形成されてきた社会構造、その維持に、におい分子も関わっているのかもしれない。

さらに、女性の涙には男性の攻撃性を抑えるにおい分子が含まれている、という論文も出た。こういうタイトルの論文は注目を浴びそうだなあ、と読んでみると、これも綿密な実験を重ねた研究結果だった。二二歳から二五歳の女性六人を集めて、涙の採取が終わるまでは化粧品のたぐいを使わないように指示し、悲しいフィルムクリップ（論文に記述がないが気になる）を見て頬を伝う涙を小瓶に集め、実験開始まではマイナス八〇度に凍結保存した。そして三一人の男性（平均年齢二六・二歳）に、これまた、お金をやりとりするゲームをやらせた。そこでは当然、お金をぼったくられる展開に設定してあったのだが、それに際しての被験者男性の攻撃的な気分が、前述の女性の涙のにおいで緩和されたという。さらに、六四種類の嗅覚受容体について涙のにおいに対する応答を調べたら、四種が応答した。たしかに女性の涙には嗅覚受容体を作動させる物質がある。そして再び被験者の脳の観察を行った結果、扁桃体など攻撃性を調整する神経系とのつながりが涙のにおいで増加して、攻撃性を抑制した可能性が見出された(28)。

人間の意識は、月の満ち欠けや、太陽表面で起きる気まぐれな爆発、はては体臭ごときに簡単に惑わされるらしい。言い換えれば、人間の意識は宇宙的な規模の場、重力場や磁場、あるいはにおい分子の場に操られている程度のものなのだ。ぼくは人間の意識というもの、あるいはその現象をあまり信用していない。その理由は、それが実に簡単に惑わされてしまうからだ。

たいていの人は、「自分は自分の意志に従っています。自分の意識を信じています」と言う。それが、たとえば太陽や月、果てはにおいの影響を受けていますよ、と言われると、気持ち悪くなる。眼に見えない妖怪だかなんだかにとり憑かれているような気がして不愉快になる。月齢や地磁気の影響に関する論文がなんとなく嫌われてきたのは、そのせいだろう。しかし残念ながら、人間の意識はあやふやで、つまらないことで変わってしまう。むしろ、意識などは所詮そんなものだと考えていたほうが、惑わされずに済むとぼくは思う。

ボイドと集団場

これまでは、個人の外にある物理的・化学的な「場」について述べてきた。それとは異なり、人間が集まると、そこに生じる「場」がある。これについても、少し考えてみる。実はこれこそ最も危ない「場」ではないかと思う。

フョードル・ドストエフスキーは作品『悪霊』の中で、人間がたやすくモラルを失ってゆくありさまを描いた。その冒頭、聖書からの引用である。

「そこなる山べに、おびただしき豚の群れ、飼われありしかば、悪霊ども、その豚に入ることを許せと願えり。イエス許したもう。悪霊ども、人より出でて豚に入りたれば、その群れ、崖より湖に駆けくだりて溺る。牧者ども、起こりしことを見んとて、出でてイエスのもとに来たり。悪霊の離れし人の、衣服をつけ、心もたしかにて、イエスの足元に座しおるを見て懼れあえり。悪霊に憑かれたる人の癒えしさまを見し者、これを彼らに告げたり」（ルカ福音書、第八章三二―三六節）[29]。

夕方の空にムクドリが、群れを成して飛んでいるのを見たことがある。それは一つの意志がある大きな動物のように、伸びたり縮んだり、広がったり細くなったりして旋回する。あるいは、水族館の大きな水槽でイワシのような小さな魚が数百匹、泳いでいるのを見てもそうだ。捕食者のような大きな魚が近づくと、そこから身をそらすように集団は変形する（図1-2）。そこには誰かリーダーがいて、群れを危険から逃れさせるために統括しているような気もする。しかし、そのような集団の動きには「統括する意志」は必ずしも必要がない。

一九八七年、コンピュータ・グラフィックスの専門家、クレイグ・レイノルズは、単純なモデルで前述のような群れの動きを表現する方法を提案した。これはボイド（boid）と呼ばれている[30]。このモデルでは、たった三つの規則が集団のメンバーに課せられている。①近くの個体との衝突を避ける。②近くの個体と速度を同じようにする。③群れの近くにいるようにする。要は、つかず離れず集団とともに動こうとしているだけだ。その原則だけで、動物の集団行動が本物のように再現できる。英語

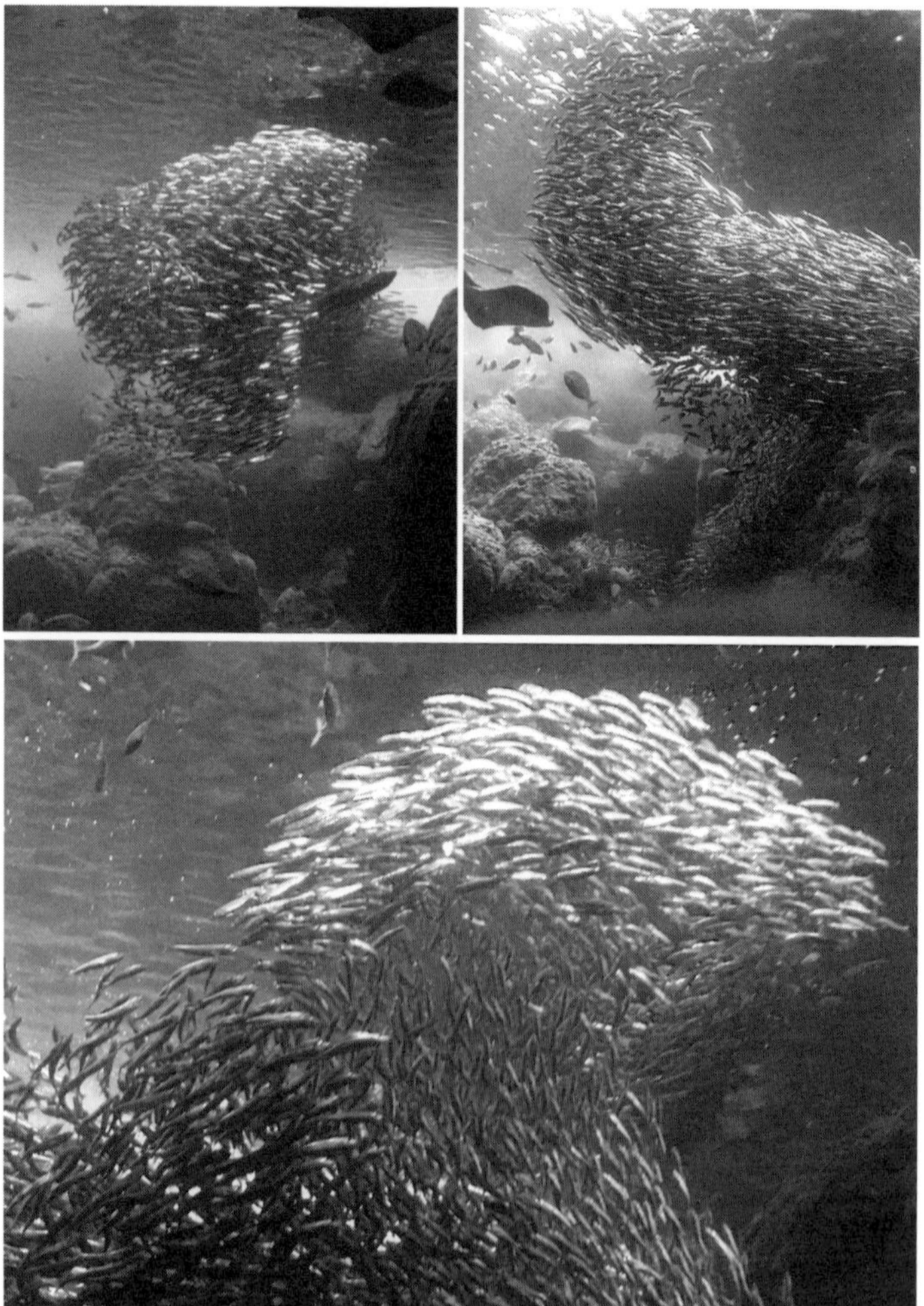

図 1-2　魚群の動き

版ウィキペディアによれば、レイノルズはその後、『バットマンリターンズ』などの映画のイメージングに関わり、一九九八年、アカデミー科学技術賞を受賞している。

鳥が空高く鈎型に飛んでいるのは、流体力学の観点から考えると、エネルギーの節約のためだ、という説がある。(31) ところが過日、海辺の街で舟に乗ったとき、カモメを眺めていると、真横を飛ぶカモメの翼の動きが同期していることに気がついた。これも流体力学的な意味があるのかもしれないが、単に横のカモメと羽ばたきを一致させているだけなのかもしれない。

図 1-3　カモメの翼の動き

図１－３上の写真では、富士山の左上のカモメの翼は上を向いている。右下のカモメの翼も上向き。しかし、その間にいる富士山の近くのカモメの翼はほぼ水平だ。ところが、右下の写真では、たまたま富士山の下に並ぶカモメの翼はみな下に向いている。左下の写真では、翼はみな上を向いている。真横にいるカモメたちは、隣どうし、翼の動きを一緒にしているようだ。

隣とぶつからない、離れない、群れから離れない、それだけの規則で、鳥や魚の集団が巨大な生き物に変貌する、このシミュレーションを眺めていると、つい、人間社会の動きでも、このモデルが使えるのではないか、と思ってしまう。ドストエフスキーが『悪霊』[29]で描き出した人間の愚行。それは客観的な視点で見れば異常な行動であることが明らかなのに、集団になると、その意識が消え、破滅に向かって暴走してしまう。特に、二〇世紀から現代まで、その惨憺たる結果をうんざりするぐらい見てきた気がする。「悪霊」はどこからかやってきて、集団に入り込むのではなく、集団という存在に内在するのではないだろうか。特に個人としての意志がなく、ただ集団の中で、はぐれないよう、衝突しないよう、それだけを考えている。気がつくと、集団ごと、破滅の淵に立っている。そんな出来事が数多くあったように思う。

法律学者のキャス・サンティーンは、人間の集団がしばしば極端な思想に進んでいくプロセスとして、情報の片寄り、個人の自信のなさ、そして個人の社会的立場へのこだわりを挙げている[32]。まず集団の中で、より早く、より多く話題になった情報が、より多くの同意者を集め、ますます大きく成長し続ける傾向がある。その結果、それが特異な情報、思想であっても、その集団の中では巨大になる。また、集団の中で自信のない個人、なにを考えていいのかわからない、自分でなにかを考えるのが面倒な個人は、その集団の中で大勢を占める意見、思想に、なにも考えず同調する。付和雷同する。そうしておけば安全だ、とりあえず安心できる。結局、そういう個人がいびつな思想さえ支えることになる。そして、一般的に個人は、自らが属している社会の中で好意的に見られたいという心理状態にある。変なことを言って嫌われたくない。よくわからないけど、みんなが言っていることに従おう。「空気を読む」ってやつだ。それらの結果として、集団の思想の極端化が起きるという。

これは、ボイドそのものではないか。人間の群れも鳥や小魚の群れと大して違わない。バラク・オバマ政権で行政担当官も務めたサンティーン教授に「ボイドってご存知ですか？」と聞いてみたい。こういう事態も、その構成員にすぎなかった個人にとっては「場がそうなっていた。それに従っていただけだ」ということだろう。「集団場」と呼んでみようか。群れの集団の内部、そこにしかない場、外から見れば異常な方向に突き進む場、それは自然界にも人間社会にも存在し、それこそ命に関わるものになりうる。

その後も、ボイドに関する論文は多く刊行されているが、ぼくは、「リーダーシップ」について言及した論文が気になった。[33] それによれば、前述の鳥や魚の集団、その先端に群れを率いるリーダーがいるわけではない。群れの境界にいるものが、いきなり飛び出してリーダーになる。

群れを成す動物の動きにも目的はある。エサを集団で追いかける、逆に捕食者から逃げる。そのような、突然、群れの外で起きる出来事を、群れの中心近くにいる者は知ることはできない。外の世界の事態の急変を真っ先に知るのは境界にいる者だ。そして捕食者から逃げる場合、空いている空間に動けるのも境界にいる者だけだ。その者が、新しい動きの中のリーダーになる運命を負う。

時代を大きく変える創造、芸術の流れや科学的発見は、たしかにその時代の本流から離れた人によってなされることが多いような気がする。フランスのアカデミーから拒否された画家たちが印象派の流れを作ったり、ベルンの特許庁に勤めていたアインシュタインが特殊相対性理論、光量子理論などを提案したり、リバプールやハンブルグの小さなライブハウスで演奏していた四人組がビートルズとして音楽の流れを変えてしまったりしたことを思い出す。群れの、つまりはその時代の主流から離れた周辺、境界にいる者が次の時代を作ることは、よくあることだったと感じる。

今の人間の意識は、もっぱら視聴覚情報に頼っている。厳密に言うと、人間の眼で、網膜で見える情報と、耳、鼓膜耳小骨、蝸牛管で感知し、大脳視覚野、聴覚野で知覚できる情報だ。しかし、この世界にはそれらの「器官」が認識できない電磁波、音波、漂う分子、原子などがあり、原始的な生物はそれらも生存のための貴重な情報として感知し利用していただろう。それなのに、人間は眼と耳からもたらされる情報だけに頼り、それだけが世界だと意識し始めた。そのため、たとえば地磁気や重力、あるいはにおいなどの外部情報、そして「集団場」、それらの影響を知らないうちに受けているのだが、それには普段は気づかない。あるいは、集団の一員であること、そこからはぐれまいとしていただけなのに、気がつけば、眼の前に破滅がある。

さまざまな場について考え直すこと、意識という脳の作用の一つ、その限界を知ること、それらが今、大切なような気がしている。

以下、少しずつ、世界と人間の場と意識について考えてみよう。

第2章　境界場の存在

化学的な場

化学の世界では「界面化学」と言って、場と場が接する境界、界面について研究する分野がちゃんとある。学術誌にも *Journal of Colloid and Interface Science*（コロイドと界面の科学雑誌）というよく知られた雑誌があるし、一九三二年、界面化学の研究でノーベル化学賞を受賞したアーヴィング・ラングミュアという化学者がいるが、彼の名を冠した *Langmuir* という雑誌もある。いくつもの専門誌が必要なほど、界面では特異的な現象が起きる。

生体の境界には膜がある。細胞膜や、細胞の中の小器官、それも膜で囲まれた領域である。その膜の主成分はリン脂質という脂質、俗に言えばアブラ（脂）のたぐいの分子だ。このリン脂質には、アブラにしては水になじみやすい場所――親水基と呼ばれる部分――があるので、水の上にリン脂質を

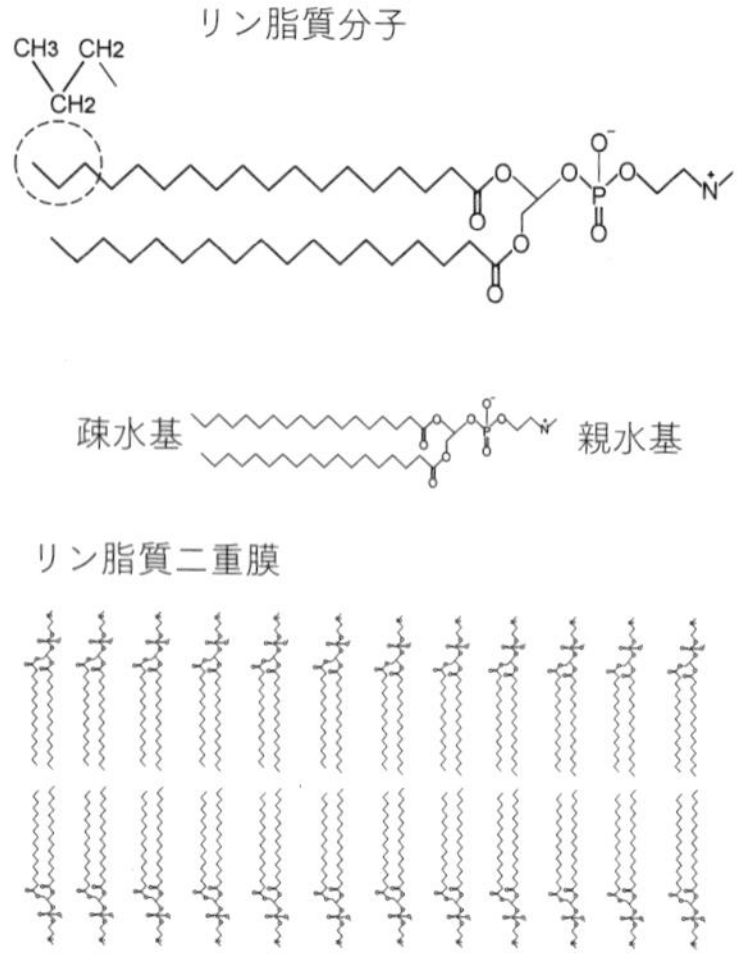

図 2-1　リン脂質

まくと、水のほうに親水基、空気のほうに水になじまない疎水基が向いて、単分子膜という膜を作る。生体の中、たとえば細胞膜では、周囲は水で満たされている。だから疎水基どうしが内側を向き、親水基を表に出した二重膜として形作られる(図2－1)。

ぼくが化学系の学生だった四〇年以上前は、たとえば味覚や嗅覚のような生物の感覚――もっと細かく言えば、味覚や嗅覚のもとになる分子――を識別する能力は、その細胞膜にあるのではないか、と考えられていて、リン脂質膜と、そのような分子との相互作用が生物物理学の研究者たちによって研究されていた。

ところが一九八〇年代後半から、分子生物学、遺伝子、ＤＮＡやＲＮＡの配列の解析、その配列からアミノ酸、アミノ酸から構築されるタンパク質を解析する技術が飛躍的に発展した。その結果、たとえば嗅覚に関わるタンパク質分子装置、嗅覚受容体の存在が一九九四年に発見され、二〇〇四年にはノーベル生理学・医学賞を受賞した。あるいは温度やトウガラシの辛み成分カプサイシン、ミントの清涼感をもたらすメントールを識別する受容体も前世紀末から次々に発見され、こちらは二〇二一年のノーベル生理学・医学賞の受賞対象になった。そんな流れの中で、リン脂質膜の分子識別の科学は、特に生命科学の研究者たちからは忘れ去られていったように思う。

ところが、ぼくは今世紀の初め頃から、そのリン脂質膜の作用に興味を持ち始めた。きっかけは性ホルモン――女性ホルモンであるエストラジオールとか男性ホルモンであるアンドロステロン、テストステロン――を、角層を剝がした後に塗ると、それから三〇分後には回復速度に影響が出る――男性ホルモンだと回復が遅れ、男性ホルモンと女性ホルモンを同時に塗ると、その遅れがなくなる――という現象を見つけたことだ(1)。

性ホルモンにも受容体がある。しかし、それが作動して目に見える結果になるには数時間以上かかる。たとえば、性ホルモンが受容体にくっついて受容体が作動する。すると受容体から、なにかのタンパク質を合成しろ、というシグナルが出て、それが細胞の核に達し、そのタンパク質が合成され、その機能が生体に現れる。しかし、受容体のシグナル発信からタンパク質合成までは早くても数時間はかかる。だから、その作用が皮膚では三〇分以内に現れるということは、そのような受容体の機能から考えるとありえない。細胞膜への直接の作用ではないか？

そこで、当時、共同研究をしていた茨城大学の熊沢紀之に連絡すると、「細胞膜のモデルになるリン脂質二重膜でできた小胞、リポソームに性ホルモンを入れてみてはどうでしょうか」と言う。さっそく熊沢の研究室で実験したら、テストステロンを添加するとリポソームが膨れ、エストラジオールを一緒に入れるとリポソームは膨れなくなった。これはどうやら、性ホルモンとリン脂質との間に特異な相互作用があるに違いない。そこで、現在は広島大学にいる中田聡とも共同研究を始め、もっと単純な系、水の表面のリン脂質単分子膜にテストステロン、エストラジオールを添加してみた。すると、テストステロンはリン脂質単分子膜の圧を下げる。ざっくり言えば膜がゆるくなる。エストラジオールはその作用をブロックする。さらに詳細な検証を行った結果、見かけはよく似ているテストステロン、エストラジオールなのだが、そのちょっとした分子構造の違いによって、リン脂質との相互作用に差が出て、それが膜に影響することがわかった(2)。

さて、その後も研究は続けたが、しばらく前、ノーベル賞で決着がついていたかに見えた嗅覚分子の識別にも、リン脂質膜との相互作用が関与しているのではないかという発見があった。きっかけは、中西忍という青年が、不思議なデータを持ってきたことである。世の中には不快な臭《くさ》いにおいがあって、その原因となる分子がある。たとえば、臭い足、チーズなどのにおい分子であるイソ吉草酸、魚の生臭さのヘキシルアミン、ヤギのにおいのカプロン酸、そして「加齢臭、おやじ臭」などと呼ばれているにおいのもとであるノネナールなどだが、彼はそれらを表皮細胞ケラチノサイトにぶっかけた。すると、ノネナールの場合だけ、細胞が死んでしまったのである。さらに、まあ、彼がどうしてそういうことを思いついたのか不可解なのだが、調香の世界でマスキングという技術がある。ある種の不快なにおいを別の香料でブロックし、不快感をなくすことだ。中西は、ノネナールをマスキングする香料分子を探してきて、表皮細胞にノネナールを添加する際にそれらマスキング香料が及ぼす影響を調べた。そうしたらマスキング香料にもいろいろあるのだが、ノネナールをマスキングする香料だけが、表皮細胞がノネナールによって死んでしまうのを防いだのである(3)。

この結果には驚いた。ノネナールのマスキングは、調香師が鼻の嗅覚、知覚をもとに見出した現象だ。つまり、調香師の鼻の嗅覚受容体と、調香師の脳の嗅覚受容に関する知覚領域、その相互作用による現象だ。ところが、それが表皮細胞だけで成り立ってしまったのである。

これも細胞膜への作用かもしれない、そう思って広島大学の中田に連絡した。すると、中田の研究室にいる藤田理沙らによって、以下のメカニズムが明らかになった。やはり、水の表面のリン脂質単分子膜を使った実験である。まず、ノネナールは脂質膜に突き刺さる、食い込む。その結果、脂質膜の圧が上がる。マスキング香料分子は、食い込んだノネナールをリン脂質膜から引っこ抜く。その結果、膜の圧は元へ戻るのである(4)。

この結果にも驚いた。繰り返すが、鼻の嗅覚受容体と脳の嗅覚知覚領域で成立している、と思われた現象が、水の上に一層広がった単なるリン脂質膜、そこでの物理化学現象で再現できてしまったのである。

中西によれば、ノーベル賞を受賞した嗅覚受容体研究であるが、その後、実際の人間の嗅覚、知覚、それを説明する研究はあまり進展していないという。嗅覚受容体の働きだけでは、現象を説明できないらしいのだ。

ぼくは、人間の、そして生命の感覚——たとえば嗅覚やひょっとしたら味覚のように、さまざまな分子を識別し、認識するしくみ——は、受容体だけで成り立っているのではなく、何十年も前に検討されていたように、生体の境界のその最表面、細胞膜を構成するリン脂質膜、それが大きな寄与をしているのではないかと考える。

さらに生命進化を考えてみる。原初の生命体も、おそらくはリン脂質膜で覆われた小胞だったろう。その小胞が生存と増殖の機能を持つ生命になる。その過程の一つには、生存のために有利な分子、害をもたらす分子、それらを識別する能力が欠かせない。現在、存在する単純な生命、たとえば原核生物でも、受容体は持っている。しかしながら、複雑な構造を持つタンパク質である受容体を、進化の過程の最初から持つようになるのは難しい。生命誕生の前の段階、化学物質の集合体が生命になる前の化学進化の過程で、まず脂質膜による分子認識が重要だったのではないか。そして、その機能は、生命進化によってさまざまな受容体を持つようになった今も淘汰されることはなく、たとえば人間の知覚においてさえ、未だに重要な役割を担っているのではないか——そんな空想を楽しんでいる。

生命現象はすべて境界にある

生命現象は、基本的に化学現象だ。さまざまな物質がくっついたり、分解されたり、それに伴って電気化学的な変化や化学物質の濃度変化が起きる。それらが、単なる空間、たとえば水の中で起きれば、どんなに特異な化学反応が起きても、あっというまに水の中に拡散してしまう。だから、生命現象の最も基本的な要素は袋である。空間の（水の）中で外と区別される空間を維持する袋だ。細胞では細胞膜だ。多細胞生物ではさまざまな構造のものがあるが、一般的に皮膚、あるいは皮と呼ばれる組織だ。そういう境界を形作るものが生命の本質だと思う。

まず、ぼくたちの身体を形作る一つの細胞から見てみよう。前に述べたように、全体は細胞膜で覆われている。その中にＤＮＡがあるが、これは核膜で覆われている。このような核を持つ細胞を真核細胞と呼ぶ。真核細胞の中には、そのほか、細胞小器官と呼ばれる、細胞小胞体、ゴルジ体、ミトコンドリアなどが存在する。

真核細胞の形を作っているのは、前に述べたように、リン脂質という脂質分子からなる膜だ。細胞膜も核膜もそうだ。細胞小器官それぞれも、リン脂質膜でできている。だから、人間の身体を作る細胞も、リン脂質という分子が二重になった膜でできたシャボン玉であり、その中に、いくつもの同じようなシャボン玉が入っているようなものだ。そして、その膜こそが、細胞が機能する、生きていく基礎になる。

細胞の外と中とで物質やエネルギー、情報のやりとりがある。その場合、重要な役割を果たすのが受容体と呼ばれるタンパク質の装置だ。細胞の外から、光や温度変化や圧力や電位、特別な分子などの刺激が来ると作動するのが受容体だ。スイッチと言ってもいいだろう。光の受容体はまず眼の網膜で発見された。光の強弱、赤、緑、青、それぞれの色、正確に言えば波長が異なる光で作動する。温度や圧力の受容体は二〇世紀の終わり頃から発見され、前述のように二〇二一年のノーベル生理学・医学賞の受賞対象になった。味覚、嗅覚を担うのも受容体だ。味やにおいのもとになる分子で作動する受容体だ。そのほかにも、ホルモンなどの物質、アレルギー源、病原体の破片などで作動する受容体がある。

受容体は細胞の中の小器官、小胞体にもある。細胞の中でもさまざまな情報処理がなされていて、それも受容体によって担われている。そのさまざまな受容体は、それが作動するとき、必ず膜にある。細胞の外や内側で、ふわふわ漂っているだけの受容体はない。あっても機能しない。受容体が機能するためには、それが外側と内側の境界になければならない。外から刺激が来て受容体が作動し、さまざまな化学的な変化を内側で起こす。これが受容体機能の基礎だ。もし受容体だけが漂っている場合、それが作動して化学的変化を起こしても、その化学的変化は拡散してしまう。その結果、なにも起きない。受容体は細胞という袋、あるいは細胞内小器官という小さな袋の表面にある。そこで受容体が作動すると、それぞれの袋の中で化学的変化が起きる。その変化が、新たな受容体の活性化などを起こす。それが生命現象の基本だ。だから、受容体だけでは生命現象は起きない。外と内側を空間的に区別する場、細胞膜、細胞内小器官の膜が必要なのである。また、膜（境界）による空間の区別は、情報が特定方向にしか伝わらない、その情報の流れが逆行しないようにする機能の基礎だ。だから、情報処理が可能になるのだ。

細胞が集まってできた生物、多細胞生物でも、その境界、広い意味での皮膚が重要なのは明らかだ。人間の場合、皮膚と呼ばれる部分もそうだが、たとえば呼吸器官の内側表面——気道上皮と呼ばれるが——、これも人間の身体の外と中とを隔てる境界だ。そして、口から食道、胃、腸に至る消化器の内側——消化器上皮と呼ぶが——、これも体内にあるが、事実上、外の世界と体内との境界だ。

それらの「上皮細胞」には共通点が多い。たとえば、皮膚の表面表皮も気道上皮も消化器上皮も、絶えず更新されている。いつでもその最深部で新しい細胞が分裂し生まれ、それが表面に向かって、やがて剝がれ落ちる。常に「外」の変化にさらされているから、ダメージを受けやすい。常に新しい状態を保たないと、境界＝バリアとしての機能を維持できないのである。上皮細胞系が放射線に弱いのも共通している。常に更新されているそのシステム自体が放射線被爆によって破壊されると、境界が崩れ、体内の液体が流れ出し、死に至る。

ぼくが関わった実験でも、それぞれの共通点が見つかった。胃潰瘍の薬の開発に携わっていた芦田豊から「胃潰瘍の薬は皮膚のバリア機能の修復にも効きませんかねえ」と言われた。一緒に試したら効いた。胃潰瘍の薬でよく知られているのが、ガスターという製品名で知られる、ヒスタミン受容体をブロックする成分だ。これを、表皮角層バリアを破壊した後塗ると、回復が早くなった(5)。

あるいは、スギ花粉などに対するアレルギー反応は、気道上皮で起きることが知られている。とある初春の頃、花粉症の若い同僚、熊本淳一がつらそうな顔をして、「花粉も表皮細胞に作用するんじゃないでしょうか？」と言ってきた。言われてみると、ぼくのアトピー性皮膚炎も、その時期悪化するように感じる。そこで熊本と、スギ花粉の抗原を表皮細胞にぶっかけたら、細胞が興奮した。そして、その抗原を培養皮膚のバリア破壊後に塗ったら、回復が遅れた(6)。外の世界との境界を形成する上皮には共通点が多いようだ。

さらに、腸の中——これは外界との境界だと思う——、皮膚の上には細菌の集団、細菌叢がいて、これが全身や情動にまで影響を及ぼすことがわかってきた。特に、腸内細菌叢の影響については続々と驚くような報告がされている。これからも新たな発見があるだろう。皮膚の常在菌についても研究が進むだろう。これらのことは、単に上皮が重要だというだけではなく、人間の心身の健康状態が外部環境——つまり、腸の中の菌叢や皮膚常在菌——との関係の中で成り立っていることを示している。人間の健康は個体の内部だけでは論じられない。上皮——広い意味での身体の表面、境界——を通じた外部世界とのバランスの上で考えなければならない。

今、ぼくたちが生きている世界では、緻密な秩序がある構造体は、そこに特別なエネルギーの流れがない限り、その構造が次第に失われる傾向がある。厳密に言えば、これ以上変わらないという状態に落ち着くまで変化し続ける。これが熱力学第二法則、エントロピー増大の法則と呼ばれるものだ。ところが生命は、生きているうちはその構造を保つ。個体が死んでも、子孫がその構造を再現し、保つ。ここで言うエントロピーは、秩序の指標とも言える。構造性が高いものはエントロピーが低い。無秩序はエントロピーが高い。

生命はエントロピーの低いものを創造し、エントロピーを増やしながら成長し進化する。生命を生命たらしめているのは、環境という場である。環境は生命の方向を誘導し、生命は環境を変える。生命は、環境から低いエントロピーを得て自らの秩序を維持し、高いエントロピーを環境に放出して生きている。生命と環境という場は、境界を通して相互作用しながら変わってゆく。このことは後で詳しく述べる。

原初の生命

生命の誕生については、前世紀から、さまざまな実験と考察がなされてきた。ただ、これはぼくの感想だが、無生物から生物への距離はとても長い。原始的な単細胞生物から人間への進化の道のりも謎に満ちているが、少しずつ眺めていると、仮説めいた考えは浮かぶ。しかし、化学物質から生命現象へのステップについては想像すらできない。

小惑星「りゅうぐう」で採取された砂に「生命起源の物質」があったと報道された。それはアミノ酸と、RNAを構築するウラシルという分子だった。[7] 意義深い重要な報告だったが、ぼくはさほど驚かなかった。

七十年ほど前、スタンリー・ミラーが、当時、原始大気だと考えられていたもの――メタン、アンモニア、水素――、そして水を容器に入れ、雷を模した放電をパチパチ続けた。するとアミノ酸やDNA、RNAを構築するプリン、ピリミジンといった物質が生成されたのだ。[8] その後、原始大気の組成については異論も発表されているが、組成が変わってもアミノ酸などは化学的に生成されることに変わりはない。[9]

大変なのはそれからで、生体の中でさまざまな機能を担うタンパク質はアミノ酸が正しい順番で少なくとも十、たいていは百以上つながっている。その順序が一つ違うだけでタンパク質の機能は変わってしまう。DNAもそうで、プリン、ピリミジンから構成される塩基、アデニン、グアニン、シトシン、チミンが、たとえば人間のDNAの場合、六十億、然るべき順序で並び、つながっている。

少し古い本だが『創発する生命』[10]の中で著者は、小さな分子がつながってゆくさまざまな過程を示し、それが意味を持つつながりになることは別次元の問題であると述べている。そして、そこには分子集合の物理化学的な自己組織化現象が関与しているのではないかとしている。この展開はぼくにも予想できるが、今、その自己組織化で「機能を持つ」高分子が化学的に合成されることを示しえた実験結果は見たことがない。つまり、アミノ酸や塩基が長くつながるだけなら容易なことだ。問題は、それが厳密に、意味のある配列でつながっていることだ。

でたらめにつながっていても、長い時間をかければ、そのうち偶然、意味がある並び方も出てくると思うかもしれない。これについては最近、興味深い試算がなされた。以前から思考実験として語られていた「チンパンジーが適当にタイプライターをたたいていたら、そのうち偶然、意味ある文章ができることもあるのではないか」という仮説をオーストラリアの数学者たちが検証した[11]。その結果、一匹のチンパンジーが一秒に一回キーをたたく。それを三〇年間続けても、「我チンパンジー、ゆえに我あり」(I Chimp, therefore I am) という短文が現れる可能性は一〇のマイナス二五乗パーセント、つまり一兆×千億分の一パーセント。二〇万匹のチンパンジーを動員しても二×一〇のマイナス二〇乗(二兆×一〇〇万分の一)パーセント。さらに一八〇〇語からなる童話 *Curious George*(邦題『ひとまねこざる』[12]だと、二〇万匹のチンパンジーを動員して宇宙の年齢（一〇の一〇乗年）作業を続けさせても、書かれる可能性は六・四×一〇のマイナス一万五〇四三乗パーセント。これは事実上ゼロであろう。でたらめになにかをつなげても、意味ある配列になる可能性はとても低いのだ。

一方、最近、現在生きている生物のゲノム（すべての遺伝情報）を解析し、すべての共通祖先と言うべき生命がどのようなものだったかを提示した研究が発表された[13]。それによれば、その祖先は、現在の原核生物並みのゲノムサイズと、二千六百ものタンパク質をすでに持っていた。そして悩ましいことに、その誕生は四〇億三千万年前から四三億三千万年前だという。地球の誕生は現在の定説で四五〜四六億年前だとされている。これらが真実だったら、地球の誕生からわずか三億年ほどで、複雑な構造を持つ生命が誕生したことになる。今から三億年前と言えば、すでに爬虫類は出現している。ぼくにとっては化学物質から生命への道のりは、爬虫類から人類までの道のりより、比べものにならないぐらい長い。もし生命が地球で誕生したとするなら、化学物質が生命になる未知のプロセスがあると言わざるをえない。生命の起源についての不可解さは募るばかりだ。

生命の誕生の最初の段階で、まず前に述べた膜、膜による袋——細胞なら細胞膜——が、つまり境界ができたと思う。それがないと、タンパク質も遺伝子も役に立たないからだ。リン脂質は化学的な方法で合成できる。だから、原子の大気と海の中で、たまたまリン脂質ができた、という仮説は、否定はできないと思う。先年、岩石によく含まれる酸化アルミニウムの表面で、リン脂質が、まるで真核細胞のように、脂質膜小胞を含む袋状構造を形成することが報告された[14]。

さらに最近、ミラーの実験を発展させた実験結果が発表された。イギリス、ニューカッスル大学の研究者たちによる実験で、海底の熱水孔を模して、炭素鎖の原料になる二酸化炭素、水素、重炭酸塩、そして鉄の鉱物マグネタイト（磁鉄鉱）を含む溶液に、絶えず流れを起こしながら、九〇度で一六時間熱し続けた。すると、細胞膜のリン脂質の構築などに欠かせない長い炭素鎖、最大の炭素数が二〇もある脂肪酸が合成されることを証明した。[15] 太古の海でも、金属イオンなどを含む高温の水が噴き出す熱水孔があり、そこでアミノ酸などが作られた、という仮説はいくつも記憶にあるが、細胞膜を作れるほど大きな脂肪酸分子までできてしまうとは驚いた。そして、この研究のおかげで、化学現象から生命誕生までの長い過程はちょっと短くなった気がする。

タンパク質や遺伝子ができたプロセスは謎なのだが、広島大学の松尾宗征らは、結合しやすく構築したアミノ酸誘導体を水中に入れると、それが重合し、液滴を作ること、誘導体をさらに加えると、言わばそれをエサとして液滴が増殖すること、そこにリン脂質だけを添加すると液滴は消えるが、リン脂質とRNAを加えると、その液滴の中ではリン脂質とRNAが濃縮されることを示した。[16] これは生命進化の最初の段階の一つを示唆しているように思われる。

進化と多様化、それによる生命圏の安定化も、原始的な生命系ですでに現れていたのではないか。そのことが、やはり水の中の油滴という場で示された。東京大学の水内良らは、自身を複製するための情報だけを持つRNAと、RNAを複製する酵素システムを油滴の中に入れた。これを温め、希釈し、栄養を与える、という培養を繰り返すと、突然変異によって異なるRNAが現れた。さらに培養を続けると、五種類のRNAが安定になった。言い換えれば、それらのRNAが生き残り、相互作用しながらお互いの滅亡を防いでいる、という状態になった[17]。

生命の誕生からおよそ四十億年の間、さまざまな生物が現れてきた。生命進化の基本的な現象に、その多様化があるが、それは進化という現象の最初期の段階で、すでに存在していたのかもしれない。ここで示した近年のいくつかの実験結果は、生命の誕生、進化、多様性というそれぞれを支える重要な因子として、外界と空間的に区別された場、それが必要であることを示している。

原始の地球で化学物質からどのようにして生命が誕生したのか、残念ながら、ぼくにはわからない。納得できる説に出会えない。おそらくは現在の生命の形、ありように至る前に、「前生命」とでも言うべき物質集合体がいくつも存在し、それらが進化し、多くが滅び、たった一つの「生命体」が残ったのだと思う。なぜなら、現在の地球上のすべての生命、単細胞生物から人間まで、共通した遺伝システムを持ち、それを支える酵素や受容体も共通しているものが多いからだ。

もし、地球外、たとえば火星などで生命だと見なされるものが発見されたら、化学物質から生命が誕生したことにはなんらかの必然性があったと思われる。しかし、どこにも生命らしきものが存在しないなら、地球上の生命の誕生は奇跡としか言いようがない。

そして、その地球上の生命は、前述の水内らの研究が示すように、多様化すること、多様化したシステムが競争し滅ぼし合うのではなく、むしろ協調しながら生存する、そういうシステムだった。そういうシステムだけが生き残った。それが現在、すべての生命に根源的に存在する運命であると考える。そして人間もその生命の一つである以上、同じ運命を背負っていると思う。

第3章　境界場の意味

もつれてゆく世界

　最近ではスマートフォンなどで音楽を聴くとき、コードレスのイヤホンが主流になってきたようだ。しかし、しばらく前までよく使っていた、「有線」イヤホンを思い出してほしい。しょっちゅう、もつれませんでしたか？　特に乱暴に扱ったわけでもない。ただ、使わないとき、ポケットやバッグの中に放り込んでおく。さて、使おうかと思うと、あちこち結び目ができている。そんなイヤホンが複数放り込んであると、互いに絡み合い、事態はますます悲惨になる。ご丁寧にもカタ結びができていたりする。イヤホンのケーブルに悪意があるとしか思えない。ほどきながら悪態をつく。

　そんな現象にも興味を持つ人はいて、カリフォルニア大学サンディエゴ校の物理学者たちは、一辺が一〇センチ、一五センチ、三〇センチの立方体の箱の中に、さまざまな素材、長さのヒモを入れて箱を回転させた。条件を変えながら三四一五回実験したそうである。すると、やはり結び目ができた。その結び目の数は、ヒモの素材、その弾力性などによって異なるが、ヒモの長さを伸ばしてゆくと、それに応じて結び目は増える、ある長さになるとそれ以上は増えなくなる、また、箱が大きいほうが結び目はできやすくなる、という結果が得られた(1)。そこには、悪意はない。

この研究者たちは結び目ができる数理モデルを提案しているが、ぼくはこの実験から、「有線」イヤホンがもつれていくのは熱力学第二法則、いわゆるエントロピー増大の原理で説明できるかなあ、と考えた。

本書でもすでに触れたが、エントロピーという言葉はよく見かける。「秩序の指標」などと言われたりするが、実態はそれほど単純ではない。エントロピーには三種類、がんばって整理して二種類ある。一八世紀、熱エネルギーの研究から提案されたエントロピー。これを一九世紀末、ルートヴィッヒ・ボルツマンが原子や分子の運動と結びつけたエントロピーが、まず一つ。その後、一九四〇年代の終わりに、クロード・シャノンが定義した情報のエントロピーがある。後者については後の章で述べる。これから述べるのは、ボルツマンまでのエントロピーのつもりだ。

たとえば、ある体積の箱の中に、ビー玉でもイヤホンコードでも水分子でもかまわないが、それらが、その空間の中の限られた領域に偏在している状態（図3-1上）、全体に散らばっている状態（図3-1下）を考える。ここで前者のエントロピーは後者に比べて低い。粗雑な言い方をすれば、散らかっているほうが、それもあちこちにムラがありながら散らかっている状態のほうが、エントロピーが高い。もう少し一般的な表現で述べれば、より、そうなりやすい。放っておいたらそうなるだろうな、という状態だ。このエントロピーは、閉ざされた空間の中では増えることはあっても減ることは絶対にない、というのが熱力学第二法則の一つの表現だ。この小さな図3-1ではわかりにくいが、ボルツマンの理論では、均一に分散するのではなく、ムラがありながらランダムに散らばる、その状態のエントロピーが最大になる。

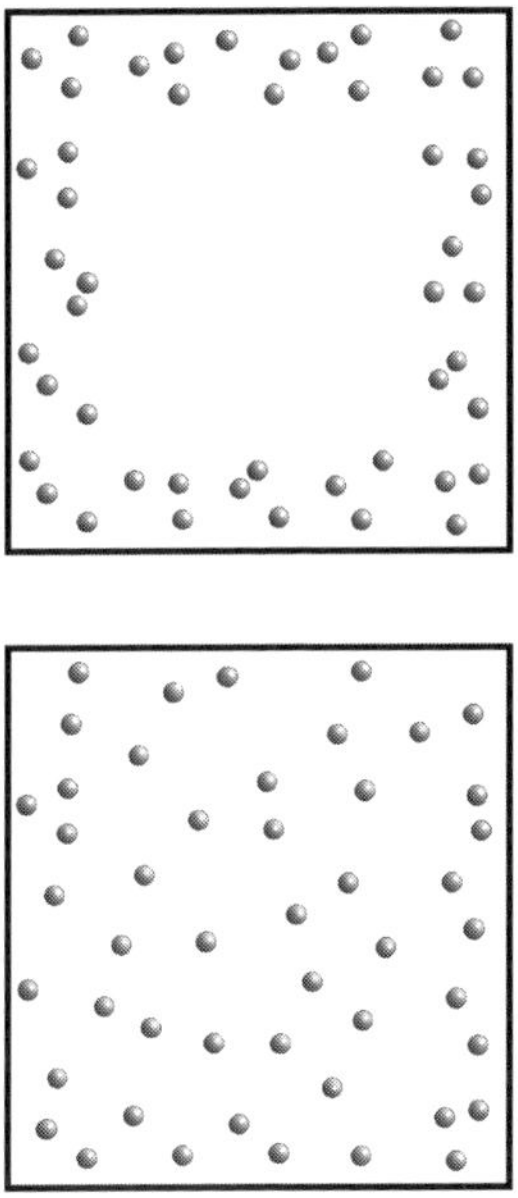

図3-1　エントロピーの高低

ここで「もつれる」話に戻る。箱の中でコードなりヒモなりがあって、最初は片隅にそろえて入れてあっても（図3-2上）、それが揺さぶられれば、ごちゃごちゃ散らばり、散らばりながら互いに接触し、そこで曲がってまた散らばって、を繰り返し、結び目ができてゆく（図3-2下）。ヒモが長いほうが、箱が大きいほうが、散らかる、もつれる状態が多くなるのは予想できる。ただ、ヒモやコードの場合、ある長さのつながりがある。だから、ある程度の長さ以上になると、散らかる、もつれる程度が変わらなくなる、そう考えた。

もつれたイヤホンコードをほぐすのには手間がかかる。労働である。エネルギーが要る。エントロピーを下げるにはエネルギーが要る。逆に、エントロピーを上げる過程でエネルギーが得られる。

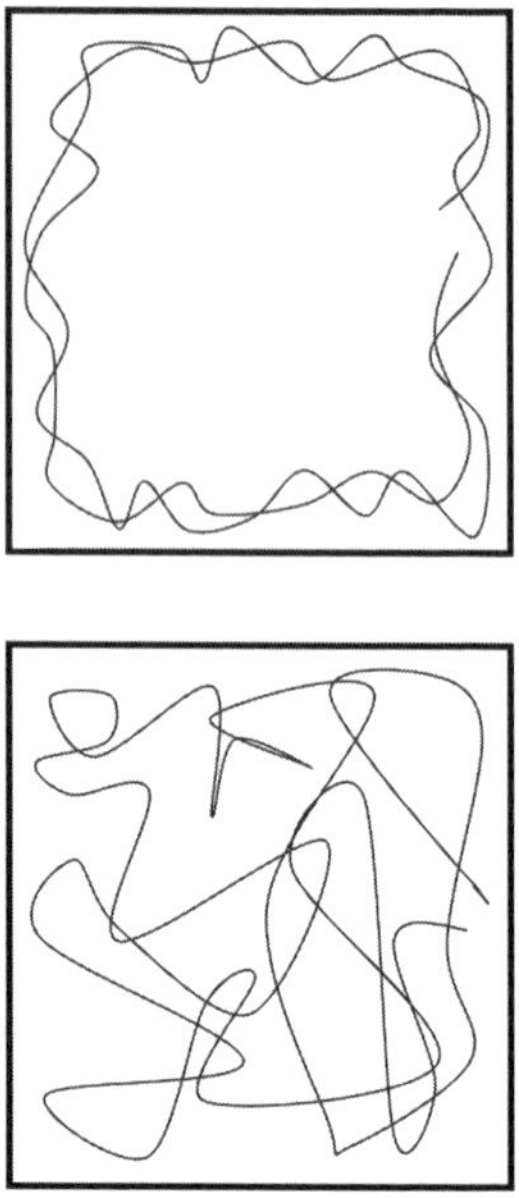

図3-2　もつれるコードのエントロピー

コップの中の水を熱して、つまり熱エネルギーを供与すると水蒸気になる。体積が増える。エントロピーは増大し、その力を利用するのが蒸気機関だ。夏場、玄関に水をまくと涼しくなる。これも、まかれた水が勝手に（？）熱を吸収し蒸発するからだ。つまり蒸発熱。気化熱と呼ばれる。

学生時代にエントロピー実験実習があった。実験器具は輪ゴムと自分の唇だけ。輪ゴムを唇に当てる。引っ張ると、かすかに温かくなるのを感じる。ゆるめると一瞬、冷たく感じる。これをゴフ・ジュール（Gough-Joule）効果という[(2)]。

ゴムを構成するのは長い分子、高分子だ。普通の状態、ゆるんでいるときは、高分子のヒモがごちゃごちゃしている状態と言える（図3-3右）。これをきゅっと引っ張ると、高分子のヒモがそろって並ぶ状態になる（図3-3左）。エントロピーの話にすると、ゆるんでいる状態から引っ張ると、エントロピーは低くなる。それを再びゆるめると、エントロピーは上がる。エントロピーが上がるときには熱を吸収する。だから、図3-3左のように引っ張られてエントロピーが低くなった状態をゆるめて、図3-3右のようにエントロピーが高くなる過程では、熱が吸収されるので冷たく感じる。昔は子どものおもちゃにゴム動力の飛行機があった。プロペラに接続されたゴムをぎりぎり巻いて放すと、ブーンと飛んでいく。このときの「飛行エネルギー」は、ゴムが引っ張られて低くなったエントロピーが、ゆるんでエントロピーが上昇しつつもたらされるエネルギーだ。

水でもゴムでも、エントロピーが低い状態から高い状態にしてやるとエネルギーが得られる。なんらかの「仕事」ができる。しかし、エントロピーが低い状態を作るにはエネルギーが要る。水蒸気は冷やさなければならず、ゴムは引っ張らなくてはならない。さらに、イヤホンコードが知らないうちにもつれるように、放っておくとたいていの場合、エントロピーは高くなってしまう。

イヤホンコードがもつれないようにするには、糸巻きにぐるぐる巻きつけて、それがほどけないような容器に入れておけばいい。つまり、ほどける、散らかる、そういう「場」を狭くしておけばいい。その「場」を限定するのは、コードの広がりを止める境界である。箱の中のビー玉やなにかの粒の局在を維持するためにも、箱の中に境界で制限された「場」があればいい（図3-4）。

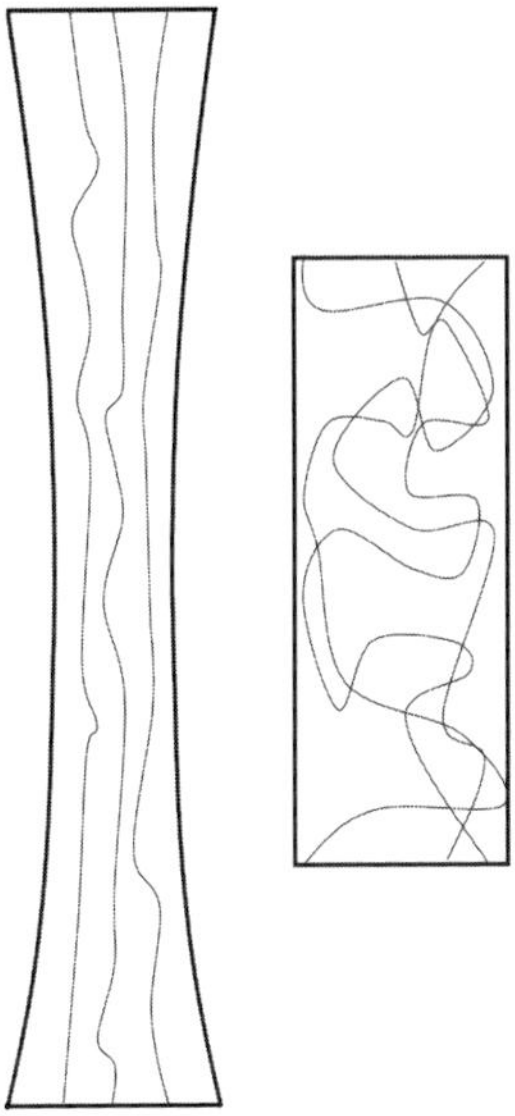

図3-3　ゴムのエントロピー

生命現象の駆動力も、低いエントロピーから高いエントロピーに移行する際、得られるエネルギーだ。その大切なエネルギーを無駄なく使う場合にも、「ほどけさせない、散らかさない」ための「場」、その

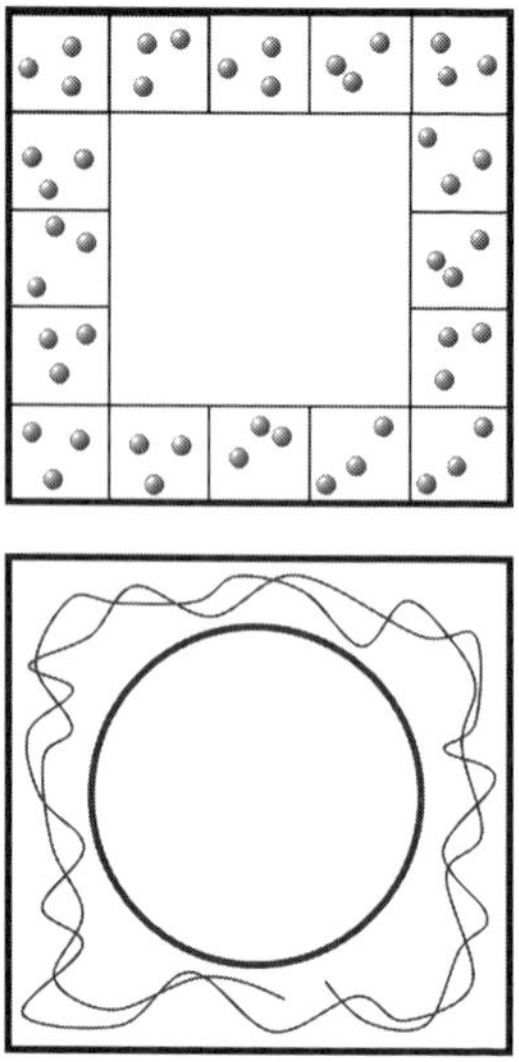

図3-4　箱の中の境界とエントロピー

「場」を維持する境界が必要だ。序章で述べた皮膚、その最表層にある水を透さない膜——角層——も、生命維持のための境界である。体内にはいろいろな臓器、筋肉などの組織があるが、それらも機能を維持するための膜、境界で覆われている。さらには、生体を構築する膨大な数の細胞それぞれの細胞膜も、細胞が生きて機能するための境界だ。さまざまな階層から成る境界によって、たとえば人間の命も保たれている。

生命の維持のためには、ゴム飛行機のゴムを巻くように、エネルギーの供給が必要である。植物の場合、光が主たるエネルギー源であり、動物の場合、食物からエネルギーを取り込む。どちらの場合も、生化学的な機能の連鎖から、エネルギーがさまざまな形、糖や脂質、あるいはＡＴＰと呼ばれる分子などに変換され、貯蔵される。それらは生体内の細胞から細胞へと分配されていくのだが、そう考えると、生体内の境界は、単に物質を通さないものではなく、状況に応じて物質を通したり通さなかったり、正しい流れを維持するしくみも持っていなければならない。そして、その流れは、必要がないのに逆行することがあってはならないのだ。

すべてがほどけて散らばる世界、そこで生命現象を維持するためには、境界が必要なのである。

境界と内界

「人間の造形的な存在を保証する皮膚の領域が、ただ閑静に委ねられて放置されるままに、もっとも軽んぜられ、思考は一旦深みを目ざすと不可視の深淵へはまり込もうとし、一旦高みを目指すと、折角の肉体の形をさしおいて、同じく不可視の無限の天空の光へ飛び去ろうとする、その運動法則が私には理解できなかった。もし思考が上方であれ下方であれ、深淵を目ざすのがその原則であるなら、われわれの固体と形態を保証し、われわれの内界と外界をわかつところの、その重要な境界である『表面』そのものに、一種の深淵を発見して、『表面それ自体の深み』に惹かれないのは、不合理きわまることに思われた。」（三島由紀夫『太陽と鉄』[3]）

ぼくたちが関わる世界にある場、それは三つに区分できる。異なる場が接する境界と、境界の外の外界、境界で覆われた内界だ。

境界がなくなると、当然のことながら内界もなくなってしまう。内界は境界があって初めて存在できる。一方で、境界がある限り、内界はある。理屈の上では、なにもない、言わば真空の内界もありうる。境界がない世界では、内界も外界もない。

ぼくたちがいる現実の世界について考えてみよう。なにかの構造があれば、外と内側、中身がある。それを隔てる境界もある。細胞膜、皮膚という境界で成り立つ生命がある。人間が作った組織、企業や国家にも外と内がある。生物や、人間が作った組織、その中でなにかの活動が起きている場合について考えてみよう。それらの境界では、外界と内界との間での、情報や物質、エネルギーの交換、調整が必ず行われている。

物理学の定義では、外界と内界との間にエネルギーの流れも物質の流れもない場合、その内界での活動はなくなる。コンロに火をつけ、水を入れた鍋を置く。中の水が温まり、対流が起き、やがて沸騰する。そこで火を止めると、鍋の中の湯は冷め、周囲の温度と同じになる。そのとき鍋のフタが開いていれば、そこから少しずつ水が蒸発して、やはり対流が起きるが、そこでフタを閉める——つまり、水蒸気という物質の流れも止めてしまう——と、冷めた鍋、厳密に言えば室温と同じ温度になった鍋の中では、なにも起きなくなる。外界と内界との間で、エネルギーや物質の出入りがある場合、内界では外界との境界からもたらされた情報や物質、エネルギーによって動きを持つ構造の形成が行われる。前に述べた鍋の場合には、中の水の対流がそうだ。

生物もそうだ。生物の体の中では、いつも構造が保たれ、動きがある。たとえば、人間の身体の中には臓器があり、血管などの循環器、神経系がある。生きているうちは、それらを形作る細胞は常に活動している。心臓は拍動し、消化器は蠕動し、外部からの刺激に対して感覚器は即座に応答し、神経系の電気活動を通じてすばやく脳に情報が送られる。ゾウリムシのような単細胞生物でも、絶えず体表の繊毛が動き、障害物を避け、エサを捕らえる。細胞内の原形質は流動し、ミトコンドリアでは、酸素を使ってエネルギーの生産を絶えず行っている。

さらに驚くべきことに、生物は増殖する。自分の子孫を作る。単細胞生物では、ときおり外から遺伝子を取り込む。有性生殖する生物では、増殖のたびに異なる個体からの遺伝子の組み換えが起きる。その結果として、多様な生物が現れては消え、進化が起きてきた。

無生物ではこのような現象は起きない。これは不思議だと、かつて物理学者のエルヴィン・シュレーディンガーは悩んだ。前に述べたエントロピー増大の法則がある。なんらかの構造を持つものは、なにもしなければ、時間とともにその構造を失っていく。彼は仮説として、生物はエントロピーが低いもの、ネゲントロピーなるものを取り込んで、その構造を維持していると提唱した。その後、エネルギーが散逸していく過程の中ではダイナミックな構造が維持されうることを、イリヤ・プリゴジンという化学者が証明した。これは無生物の世界にもよくある出来事だ。たとえば鍋の中の味噌汁を眺めていると、ゆらゆら対流が起きて、動的な構造が見えることがある。あるいは、秋の空を眺めていると、規則正しく並んだ雲を見かけることがある（図３－５）。これらは、熱や風が広がっていく、散逸していく際に、一時的に起きる現象にすぎない。その例として、有名なベナール対流と呼ばれる現象があるが、後で詳しく述べよう。

生物では、変化し続ける環境、外界の中で、自らの形を維持するため、外界からエネルギー、食物を取り込む。身体の表面からもたらされる外界の情報を常にモニターし、身体の内部構造、機能を維持する。ここで重要なのが境界の役割だ。生物じゃない鍋の場合、フタをしないで火のついたコンロの上に置きっぱなしだと、やがて水が全部蒸発してしまう。水が蒸発しないようにきっちりフタをすると、やがて閉じ込められた水蒸気の力で鍋のフタは外れてしまう。鍋の中で、いつまでも水の対流があるようにするためには、コンロの熱だけではなく、蒸発していく分の水を常に供給するような工夫が必要なのだ。つまり、境界である鍋にしかけがいる。コンロの熱を受けながら、どこからかちょうどいい分量の水を入れ続ける穴かなにかが必要だ。

人間が作った組織でもそうだ。外界とエネルギーも情報もやりとりしていない閉鎖的な組織は維持できない。組織の中でエネルギーや情報を循環させても、困ったことに外界が変化する。閉鎖的な組織では、だから、外界との隔絶を目的として、外界との情報やエネルギーの流れを遮断する強固な境界が作られる。ある種の国家や宗教団体のことを思い出せばいい。そして、それらが歴史の中でどういう末路をたどったか思い出せば、外界を遮断する境界が内界の継続を妨げることがわかる。頑丈で外れないフタのある鍋を作っても、コンロからの熱がそのままなら、やがては爆発する。断熱材で鍋を作ったら、内部の水の対流はやがて止まる。

図 3-5　早朝の雲

生物や社会組織について、もう少し考えてみる。内界の構造は、境界の働きに作用する一方で、境界の影響も受ける。境界は内界の維持に寄与する。生命では、広義の皮膚――ここでは呼吸器の表面や消化器の表面も含まれる――が境界である。皮膚機能の維持にはエネルギーが必要だが、それは体内からもたらされる。たとえば精神的なストレスを受け続けると、皮膚の防御機能は低下し、病原菌などの感染を受けやすくなる。(4) 一方で、皮膚機能の低下、異常は、さまざまな身体機能のトラブルの原因になる。ウイルスなどの病原体に対する免疫防御機構の最前線は、皮膚表面にある。第1章で述べたボイド、群のシミュレーションを思い出してほしい。外界の変化を察知できるのは、外界に接している境界にいる者たちだけなのだ。

人間の組織でも同じことが言える。企業などで外界と接する境界は、たとえば営業であろう。国家では外交部門だろうか。営業機能が破綻すれば経営は成り立たない。巧みな外交機能がなければ国家の維持も困難だ。イタリア、シエナ大学の研究者たちは、プリゴジンの熱力学をもとに、社会形態について論じている。それによれば、まず独裁制社会においては、ほかのシステムとの情報、エネルギーの交換が断たれてしまうため、その社会内部の構造も崩れていく。一方で、グローバリゼーションによって、地球全体に一つのシステム、社会ができる場合は、社会の中のサブシステムの間の差異がなくなり、散逸構造が形成されず、やはりそれは崩壊に向かうという。(5)

つまり、地球上すべての文化圏を同一のシステムで担うことはできない、というのだ。独裁制については、二〇世紀に現れたいくつもの国家を思い出す。グローバリゼーションについては、これからの課題だろう。ただ、多様なサブシステムの重要性は忘れてはならないと思う。

多様性への指向

前にも述べたが、地球の生命にとって、その多様性は必然であった。いや、おそらくは地球上の環境で、四〇億年ほど生命を維持するためには、多様性が欠かせなかったのではないか。第2章で述べた東京大学での原始生命を模した実験でも、突然変異による多様な生命体が出現し、それらが生存競争で淘汰されるのではなく、種類が増えた生命の間に相互の生存を支え合うネットワークが現れた。くり返すが、多様性とそれらの相互作用、協調による生存が、地球上の生命の基本的な運命である。人間の社会システムのあり方を、そこから考えることも興味深いと考える。

おそらく、最も古いタイプの生物は原核細胞であり、それらは今も生きている。そのままでよかったではないか。それなのになぜ、動物や植物などさまざまな生命が現れてきたのか。突然変異は、たとえば単細胞生物における遺伝子の平行移動だけでも十分な気がする。しかし、有性生殖という、あえて手間をかけて異なる個体どうしの遺伝子を混合させるシステムを持つ生物が現れ、それが広がっていったのは、多様な生物を生み出すことが、生命全体、地球上の生命圏を維持するために必要だったからではないだろうか。多様性は、多様であるということだけで意味があるのではなかろうか。

ベナールの対流という物理現象がある（図3-6）。実験としては、平たい容器に油などの液体を入れて下から熱する。すると、いくつもの細胞、正確には円筒状に対流する空間が現れてくる。下で熱

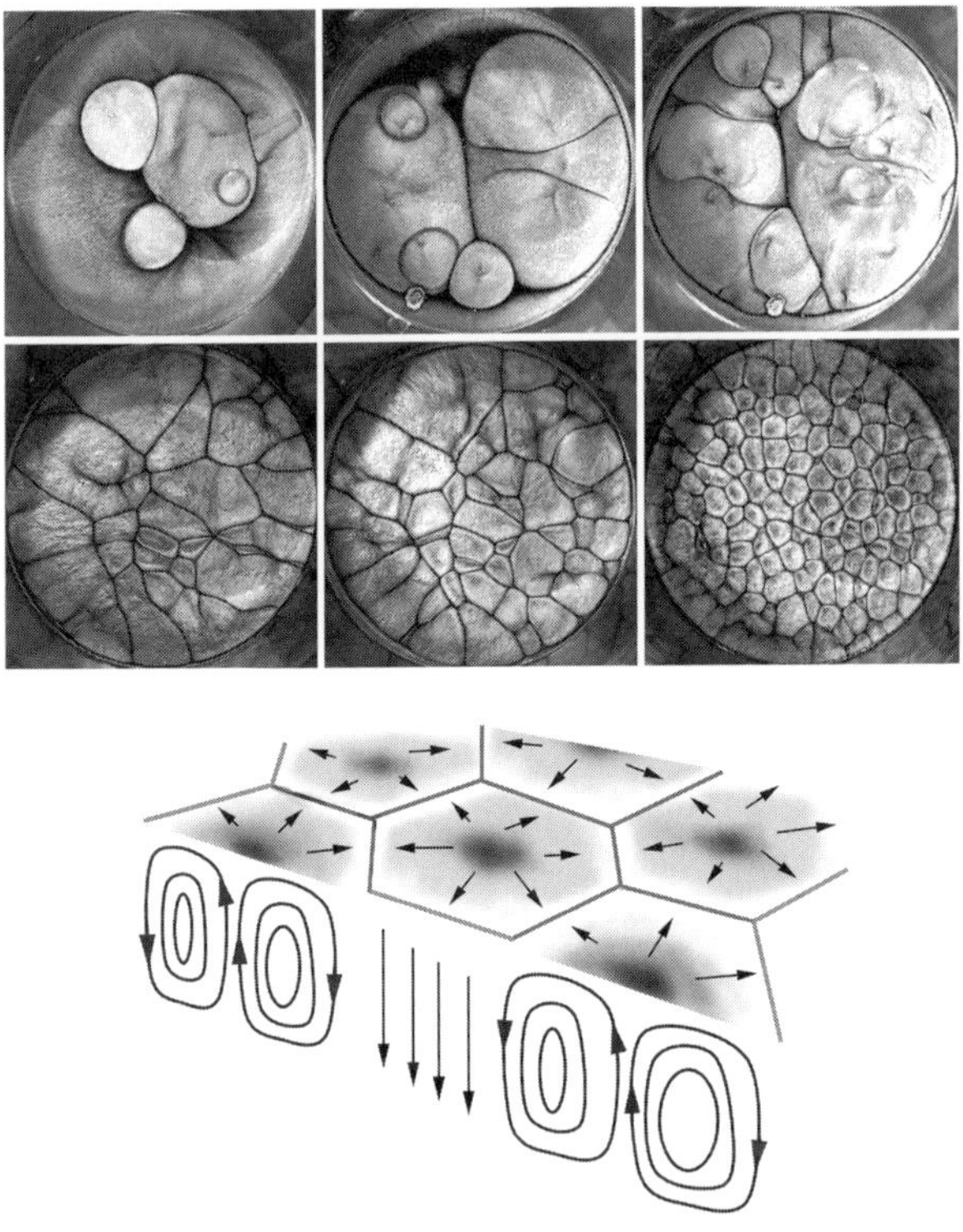

図3-6　ベナール対流の時間変化

くなって比重が軽くなった液体が上に行く。上にある液体が冷めると下に沈む。そのくり返しの循環が対流だ。お椀につがれた味噌汁でも、もやもやと湧き出す流れは見える。これも対流だ。容器の底の熱が上に流れて拡散してゆく。そのエネルギーの流れだ。液体の粘性が高い場合には、容器の中全体で対流を起こすより、小さな円筒状の対流の集団になったほうが、流れの効率がよくなる。だから小さなエネルギー

の「細胞」ができる。その細胞の形、大きさは、エネルギーの流れの大きさと、容器の境界で決まってくる。(6)

簡単な物理学実験を、膨大な因子が絡み合う生命現象と結びつけることに異議があるかもしれない。しかしながら、生命現象も物理学的法則の成立を前提にしていて、ベナールの対流に見られるような原理——一つの大きな流れより、細かく分散された流れのほうが効率がよい——は、さまざまな生命現象の基盤になっていると考えられている。(7)

一つの思想なりシステム運営の方法なりに、大きな数の人間を容赦なく従わせること、それに反する人間を排除すること。それが、その巨大システム自体の破綻につながることを二〇世紀、さんざん経験してきた。地球の上で生物が長く安定した状態を保つには、そして人間という種が存続するためには、多様な形のサブシステムが、それぞれ相互作用しながらも独自に動いていることが大切なのかもしれない。そこで、サブシステムの境界は、自ら属するサブシステムの流れに従いながら、常にほかのサブシステムに対してもその流れを共有しなければならない。サブシステムを囲い込む境界もまた、大きなシステムの中の一つであって、その境界は常に開かれていなければならない。

境界のみが外界を知る

境界は、外界と内界という異なる場の間で自律的にその機能を維持する。たとえば、序章で述べたように、ダメージを受けた表皮のバリア機構は、そのダメージの程度を自らモニターしながら、自然に、自律的に修復される。それをいちいち脳とのやりとりで行っていては、脳が担う情報処理が膨大になる。かつ、すみやかな修復ができず、病原体の侵入を許してしまう。企業の営業活動も、なにかのトラブルが発生するたびに取締役会議を開いて対処を考えていたのでは、手遅れになってしまう。最前線にある場に、ある程度判断を委ねることが迅速な対応につながる。境界の機能は自律的にならざるをえない。刻一刻変化する外界の状況に対処する必要があるからだ。

たとえば、眼がものを見たとき、眼球の網膜である程度情報処理がなされた後、視神経を通じて情報が脳にもたらされることがわかっている。(8) におい、嗅覚受容についても、鼻の中の嗅覚上皮にあるにおい分子受容体と末梢神経との間に、言わば境界におけるネットワークがあるようだ。(9) 第2章で述べたように、一九九四年に嗅覚受容体が遺伝子レベルで見出され、その一〇年後、ノーベル生理学・医学賞を授与され、すべてが明らかになったと思われている嗅覚だが、実は、たとえば人間がなにかのにおいを嗅いでどう感じるか、そのメカニズムはさっぱりわかっていないと言っていい。視覚では、網膜にある赤、緑、青の光に応答する受容体がわかっていて、色の識別もその重ね合わせで説明できるとされているが、嗅覚では、なにかの「におい」に応答する受容体が複数あり、その受容体の作動だけでは人間のそのにおいに対する意識を説明できないのだ。前述の研究のような、境界でのネットワーク解明が今後も必要だろう。

味覚では、「塩辛さ」「甘み」「苦み」「うまみ」については、受容体、それを持つ上皮系細胞、それと末梢神経とのつながりが、だいたいわかってきてはいるが、味覚は体調の影響を受ける。たとえば、新型コロナウイルス（Covid-19）に感染すると味覚に異常が出たことが報告されているが、そのメカニズムはわかっていない[10]。

皮膚感覚の場合も、指先でなにかに触れる、その際、触れたものの形についての情報処理は、脊髄に至る前、おそらく皮膚の中で行われていることが示唆されている[11]。また、網膜上皮や嗅覚上皮と同様、皮膚上層を構築する表皮と末梢神経とのネットワークの存在も報告されている[12]。今でも日本の「皮膚感覚」の教科書を開くと、皮膚深部の真皮にまで達している神経終末、表皮に侵入してきている細い神経線維、それらがすべてを担っている、とだけ記載されているが、それでは前述の現象は説明できない。二一世紀初頭からぼくは、表皮を構築する細胞、ケラチノサイトにさまざまな受容体――網膜にある赤、緑、青を識別する受容体、音を感知する受容体、においの受容体、味覚受容体などだ――が作動し、広義の皮膚感覚を担っていると主張してきた[13]。十年ほど前から、それを証明する研究が世界各地で発表されている。

環境の情報を境界は単に受容するだけではなく、神経系に手渡す前に、ある程度の情報処理をその場で行っているのだ。感覚の境界の周辺で処理された情報だけを、脳は受け取っている。つまり、内界の中枢である脳は、外界で起きている出来事そのものは知らないのである。

ろくでもない境界

さて、ここで前に述べた、イヤホンコードから生命体へのたとえに戻ってみよう。生体内でエネルギーを効率よく蓄え、効率よく使うためには、イヤホンコードのための「糸巻き」、あるいは、個体という「箱」の中にエネルギー――つまり低いエントロピーを持つ物質――が散らばらないようにするための境界で囲まれた空間が必要だ。多細胞生物の場合、細胞がその基本的な単位になる。細胞から構成された、たとえば臓器などの組織も、それぞれの場所で個体のために必要なエネルギーを効率よく消費するユニットだと言える。個体の中で、それらのユニットはほかのユニットと、あるいは皮膚や呼吸器、消化器の場合には外部環境と、エネルギーや物質、情報のやりとりをしなければならない。その境界は、前に述べたように、それ自体が自律的な判断機能を持っていなければならない。必要に応じて開き、場合によっては閉じる。境界を越えてよいもの、よくないものを柔軟に選別しなければならない。そして、それは個体の生存という原則に従わなければならないが、生体の組織が複雑になればなるほど、統制が難しくなる。多細胞動物が、おそらくは五億年以上前から、中枢、つまり脳や脊髄がある神経システムを持つようになったのは、そのためだろう。

ところが、そこで制御できない場所ができることがある。その部分はほかのユニットとの正常な物質や情報の交換ができない。しかしその一方で、その部分が広がり増える能力だけは持っている。そういう場合、やがては個体全体の統御に支障が出てくる。この例の一つが、悪性腫瘍、あるいはガンだろう。

ガン、あるいは腫瘍は、多細胞生物ほとんどすべてにできるようだ。(14) 極端なところでは、最も原始的、簡単な構造を持つヒドラ、イソギンチャクのような小さい動物にもガンはできる。それは浸潤性であり、悪性の腫瘍は多細胞生物の宿命なのかもしれない。植物にも腫瘍はあるようだ。ただ、植物の場合は腫瘍の発生率は低く、また腫瘍によって植物の個体が死ぬことも少ない。その理由は、植物では動物に比べて細胞が固定されているため、その細胞が細胞壁という植物細胞特有の組織を持ち、どこかの細胞が腫瘍化しても、それが広がらないからだと考えられている。逆に考えれば、個体内で物質の流動がさかんなほど、腫瘍は悪化しやすいと言える。若い人の腫瘍ほど危険なのは、そのためだろう。

人間社会においても、言うまでもなくガン的存在はある。ある社会の中で、閉鎖的でありつつ、独自に増える機能だけは持っている組織。言わば忌まわしい境界となるもの。それは、その社会システムの中の物質や情報の流動が活発なほど、危険性が高くなる。生体においても、あるいはさまざまな組織においても、それを構成するユニットの境界の異常は、全体に対する大きな危険になる。

組織が大きくなると、その全体を、その組織の生存のため、統御するシステムが必要になる。前述のように、中枢神経系が動物の進化の早い時期から現れたのは、そのためだろう。人間社会でも企業や国家のような組織の規模が大きくなると、制御システム、管理システムが必要になる。それは、同じ組織の中で異なる役割を担う独立したモジュールの間を調整するものであり、言わば事務部門だ。阿部公彦はその観点から、「事務は愛だ」と主張する。[15] たしかに、その機構は生命でも人間の組織でも必要なものだ。

ところが、その「事務」が、システム全体の調整ではなく、その「事務」部門自体の存続だけを主題にし始めることがある。全体の目的、組織全体の存続という使命からも遊離し、「管理」の名目だけにすがって、管理のための管理を増殖させ、組織のエネルギーを無駄に消費し、あまつさえ組織内の情報の動きにも障害をもたらす。このような「仕事」をデヴィット・グレーバーは「ブルシット・ジョブ」と呼んだ。[16] 言わば組織のガンである。

人間をはじめ、発達した免疫システムを持つ動物の場合、ガンは排除される。しかし、加齢変化などで免疫システムの能力が低下すると、見過ごされるガンが出現し、やがて、システムを死に追いやる。情報や物質の効率的な維持と移動を担う境界は、システムのために必要である。しかし、境界のためだけの境界は排除しなければならない。

皮膚感覚の異常と困惑する自我

人間の個と世界が接する境界場、皮膚への刺激が、全身の状態、意識、情動に影響を及ぼすことは言うまでもない。誰でも思い当たる例を挙げればマッサージの効果なども含めて、枚挙の暇もないほど膨大な研究や情報があふれている。新型コロナウイルスのパンデミックによって、リモートワーク、オンライン会議などが一般化し、そのため、さらに皮膚感覚の重要性が強調されるようになった。ここでは、とりあえずそんな文献を挙げておく[17]。

皮膚には、言うまでもなく「さわられた」「突かれた」と感じる触覚があり、暑い、熱い、暖かい、温かい、寒い、冷たい、を感じる温感がある。さらに第1章で述べたように、可視光、音、気圧、電場、磁場、大気中酸素濃度、嗅覚分子、味覚分子などを感知する機能があることもわかってきた[18]。その個々の因子の影響については、これからさまざまな研究がなされるだろう。

以下では、それらをまとめた意味での皮膚感覚の異常が、おそらくは脳、意識あるいは無意識に及ぼす影響について検証した研究を紹介したい。

二一世紀初頭、ドイツのライプツィヒ大学のマルティン・グリュンワルドらが、摂食障害、俗に言う拒食症の患者は指先の触覚知覚能力が低い[19]、さらには、身体を締めつけるウェットスーツを着用するという「施術」で、その障害が改善された[20]、という論文を発表し、ぼくは感心した。人間の食欲が自らの境界感覚とつながっている、という説は、境界場である皮膚の感覚が、個体の維持の根源とも言うべき食欲につながっている、境界場が内界を調整している、その例だと考えた。そこで、この分野の、その後の研究を探してみた。

摂食障害、神経性食欲不振症の患者は、自分の身体のサイズを実際より大きなものだと認識しているらしいという報告がある[21]。実験室に高さ一八〇センチの棒を二本立てる。その間隔を三六～八〇センチの間で変化させる。被験者は、そこから五メートル離れた場所に立ち、「二本の棒の間を通ることができますか？」と質問される。自分の身体がある間隔を通れるか、通れないかを判断させる。いわゆるアフォーダンスの評価だと言える。被験者が通れると判断した場合、実際に歩いて棒の間を通り抜け、五秒止まって振り返り、また通るようにさせる。その際の被験者の、特に肩の動き、回転を、左右に設置したカメラで記録しておく。被験者は棒の間を通るとき、自分の肩幅より狭いと感じたら肩を回転させて通る、それを前提にしている。そこで、被験者の実際の肩幅と、棒の間を通るときの肩の回転、ねじり方を比較する。自分の肩幅が棒の間隔より狭いと被験者が認識していれば、その回転、ねじり方は大きくなる。実験の結果、摂食障害の患者は、自らの身体サイズ――この場合、肩幅だが――を健常者に比べて大きいと認識していることが明らかになった。この結果は前述のグリュンワルドらの実験と結びつけられる。拒食症の原因が皮膚感覚にあるのか脳にあるのかはわからないが、言わば「膨れている」皮膚感覚をウェットスーツで引き締めてやると、摂食障害も改善できるのだ。

その後も、摂食障害患者の「自分の身体の大きさ認識」が健常者と異なるという報告がある。[22] 近年、やはり同じような実験を実施した研究者たちは、ヴァーチャルリアリティ、仮想空間を使った身体感覚、そして摂食障害の治療法の提案をしている。[23] 今後の研究が楽しみだ。

あるいは、摂食障害の患者には、絵で見た人間の動作を言語化する能力が下がっていたという報告もある。ディスプレイに、たとえば頭を丸、胴体、手足を線で描いた人間が動くマンガを〇・四五秒見せる。その後、動詞がディスプレイに映る。そして、正しいか間違っているか、答えさせる。たとえば、走っている人のマンガを見せる。その後「走る」という動詞がディスプレイに出たら「正しい」を選択すれば正解。その際の答えるまでの時間を健常者と比べたところ、摂食障害がある場合、より長い時間がかかった。つまり、眼で見た人間の身体情報を言語化する能力も、摂食障害の場合、低下するようだ。この論文の著者たちは、摂食障害の治療のためには、身体の感覚、それを正しく認識するための統合能力を改善するような方法が必要であろうと結論づけている(24)。

この研究結果を見ていると、自分や他人の身体、その大きさや動き、それらを認識する、あるいは評価する能力と、言語で表現する能力が密接につながっているように感じる。ある大きさを持つ自己。おそらくは、それを裏づける身体の表面の感覚、そこに異常が生じると、当然、身体感覚も異常になり、たとえば摂食障害が起きるのだが、それは同時に自分や他人の身体の状態、それを言語化して認識する、言わば人間の根源的な認知機能にまで異常をきたす可能性があるのだと思う。

さまよいだす自我

脳に関しては、どの部位がどんな機能に結びついているか、詳しくわかっている。ケガや病気で脳の一部に損傷を受けた患者の観察から、その研究が始まった。ところが「皮膚がなくなったら意識はどうなるか」という情報、データはない。なぜなら、ヤケドなどで皮膚の三分の一が失われると、死んでしまうからである。だから、皮膚感覚が意識の形成に重要な役割を果たす、と主張したくても、はっきりした証拠を示すことができない。

しかし、間接的にではあるが、皮膚感覚が人間の意識——自我と言ってもいいだろう——に重要な役割を果たしていることを示す実験がある。アイソレーションタンク（isolation tank）という装置である。一九五四年、アメリカの精神科医、ジョン・C・リリーによって開発された。音と光を遮断するタンクの中に、人体に近い比重の硫酸マグネシウムの水溶液が入っている。温度も人間の体表温度に近い三五度程度に保たれている。そこに真っ裸になってあおむけに浮かぶ、という装置だ。リリーは瞑想時に感覚を遮断するために設計したのだが、困ったことに御本人が変なことを言い出した。以下、彼の体験談を引用してみよう。

「遠くからゆっくりと二人の〈存在〉が自分の方に近づいてくる。〈存在〉たちとの間には、言葉の介在しない直接的な思考と意味と感情の交流があった……その三者会談は、次元のない空間、すなわちタイプGスターによって支配されている小さな太陽系の第三惑星の近くに存在する、空間をもたない次元の中で開催された[25]」。ちょっと待て、これはSFか？

ぼくが、最初は興味を持って読んでいたリリーの本に距離を感じ始めたのが、このあたりからである。しかしアイソレーションタンクには、その後のカウンターカルチャーの流行もあって、日本人も含めて、著名人の体験談がいろいろある。それらの中で、ぼくが「この人が言うなら、それは現実だったのかも」と思った記述を挙げる。まずノーベル物理学賞受賞者、好奇心旺盛なリチャード・ファインマンの記述だ。

「(タンクに)入ってしばらくするとうまく説明できないが、突然自分の体の中心が一インチほど片寄っているのに気がついた」「しばらくいろいろやっているうち、自我をだんだん下に下げてゆき、首を通り抜けて胸の真ん中あたりまで下ろすことができた。水滴が落ちて肩にあたったとき、これが『僕』のいるところより上に当たったと感じた」「『自我』を腰まで持ってゆけたぐらいだから、もっと押しまくってすっかり体の外まで出してしまうことができるはずだと思いはじめたのは、また別のタンク入りのときのことだ。そのときは体の外側の片方に『陣どる』ことに成功した。説明しにくいが、両手を動かして水を揺らすと、見ていなくても手のありかは感じられる。ところが現実と違うところは、普通なら手が腰のやや下の体の両側にあるはずなのに、あきれたことに両手とも一つの側にあるのだ!(26)」。

もう一つは、やはり好奇心旺盛だけれども、客観的な立場を大切にしたと思う立花隆の記述だ。立花は前述のファインマンの文章を読んでからアイソレーションタンクに入ったのだが、ファインマンが経験したような「自我がずれる」体験はできなかったようだ。しかし、以下のような興味深い記述がある。

「ドアが閉められて、タンクの中が真っ暗になったとたん、もう一つ異様な感じがした。それは、自分をとりまく空間が一瞬にして、無限の遠方まで広がったことである……暗闇になったとたん、その狭い空間が一瞬にして測り知れないほど巨大な空間に転じた。それはほとんど宇宙的な広がりを持つといいえるほどだ(27)」。

こういう経験を文章にするのは難しいとは思うが、とにかく、アイソレーションタンクに入って、視聴覚情報、重力、ある程度の皮膚感覚情報を遮断すると、人間の意識に大きな影響を及ぼすことは間違いなさそうである。

アイソレーションタンクに関する研究報告を検索してみた。論文では、isolation tank therapy あるいは flotation-rest という表現が使われているように感じた。どの単語もほかの無関係な研究と重なる場合があって網羅的な検証はできなかったが、目についた、つまり興味深そうな論文は、もっぱら一九七〇〜九〇年代初頭に出ていて、その後、二〇世紀末からパタッと見かけなくなる気がした。これも、おそらくはニューエイジ運動の流行と、その衰退が原因かもしれない。一九六〇年代から世界的に広がったカウンターカルチャーの勃興の中で、リリーや「瞑想手段」としてのアイソレーションタンクも話題になった。ところが、一九七八年に起きた人民寺院の事件をきっかけに、アメリカでは「カルト宗教」に対する批判が強くなった。それとともに、神秘主義的な考え方にも批判が向けられ、「瞑想」なども無視されるようになった。

アイソレーションタンクの「医学的」研究が難しいのは、プラセボ（プラシーボ）検証、あるいはコントロール実験が困難なのも理由の一つだろう。新しく開発された薬があったとする。その効果を評価する際には、プラセボ（偽薬）との比較が医学的な研究では必ず求められる。たとえば、その薬が無味無臭の白い粉だったとする。そのときには、たとえば砂糖だけの錠剤と、その薬剤が入った錠剤、つまり見た目には違いがない二種類の錠剤を、それぞれ別の患者に投与する。そこで砂糖だけの錠剤より薬剤が入った錠剤が顕著に効き目を示せば、その薬剤に効果があったと見なせる。なぜこういうことが必要かと言えば、人間という動物が「言葉」だけで、その生理的な状態を変えられてしまうことがあるからだ。「これは効果がある薬です」と言われて、砂糖や小麦粉の錠剤を飲まされただけで、体調がよくなってしまう人がいるからなのだ。

アイソレーションタンクの場合、プラセボ実験は不可能だろう。アイソレーションタンクに入った人は、入ったことを意識しているに決まっている。鍼灸にも同様の問題がある。現代医学の主流に認められない理由の一つだと思う。二〇世紀、アイソレーションタンクに入ったら、血液中のストレス関係のホルモン量が下がった[28]、あるいは、不安や緊張が低下し、好奇心が強くなっていた、つまり創造性が高くなった[29]、などという論文を見つけたが、その後、ぱったり研究論文が見当たらなくなった。ぼくは一九九〇年代初めから医学系の学会に参加するようになったが、まあ、こういう研究は無視されただろうな、と思う。なによりプラセボ実験なしでは「医学」とは見なされなかっただろう。

ところが、二〇二〇年代になって再び、ぽつぽつ、アイソレーションタンク、いやフローテーションタンクを取り上げた研究が出てきた。ドイツ、ハノーヴァー医科大学での実験だが、慢性疼痛の患者に対する治療としてタンクの効果を試している。ここではタンクのプラセボとして「扉を開けた」。つまり、被験者はタンクの中で浮いてはいるが、外の光などを感じる状態にある、それをプラセボとし、扉を閉じて真っ暗にした場合との比較を行った。そうすると、短期的には痛み、不安の緩和が認められたものの、長期的（一、一二、二四週後）な比較ではプラセボとの差はなかったと結論づけている。[30] このプラセボには興味がある。視聴覚情報のあり、なしで比較しているからだ。それでも短期的な差があったということは、視聴覚情報の遮断ではなく、皮膚感覚の低減がタンクの効果の要因だった可能性があるからだ。ただ、技術的に難しいと思うが、皮膚感覚の有無を検証した結果ではないのが残念だ。

スウェーデン、カールスラッド大学では、睡眠障害を抱える六人の被験者に対して、四五分間のタンク施術一二回の効果を検証した。この研究でもプラセボはない。被験者には睡眠状態を記録する（覚醒時間の記録など）ように指示がなされている。すると、三人に顕著な不眠症の改善が認められ、二人についても睡眠効率の改善が認められたという。[31]

最近、市販されているNapPod（MetroNaps）という「昼寝装置」とでも言うべき機器がある。職場の一隅で短い時間の睡眠をとる装置で、使用者は足を投げ出し、上半身は覆いで隠れる状態になる。この装置とフローテーションタンクとの比較を検討した研究もある。それぞれの装置で、慢性腰痛を抱える被験者が、一回一時間、六回の施術を受けた。その際、脳波の測定も行われている。この場合、NapPodがプラセボに相当するだろう。この論文の著者らによれば、慢性疼痛は脳の中のネットワークに由来していて、それは脳全体の脳波の変化の分布から検証できるという。実験の結果、痛みのネットワークに関わる四ヘルツ（デルタ波）、二一ヘルツ（ベータ波）の脳波の活動が、フローテーションタンク施術でのみ上昇した。デルタ波は夢も見ない深い眠りの際に現れる脳波で、痛みの緩和に結びついていると思われる。一方でベータ波は、逆に覚醒状態でなにかに集中しているとき活発になる脳波で、過剰なベータ波はむしろ不快感につながる。著者たちは、フローテーションタンクは個々の脳波の変化のみならず、脳全体にある痛み緩和のネットワークの調整に役立つと考えている(32)。

そして彼らは、今回、得られた結果のメカニズムは不明だとしながらも、フローテーションタンクによる施術には効果があると考えている。ここでのプラセボ、NapPodとフローテーションタンクが大きく違うのは、光や音ではなく身体感覚、皮膚感覚が、皆無ではないが少なくなっていると考えられることだ。皮膚からの情報が少なくなるということは、外の場、環境との関わりが減ることであり、前述の立花のイメージにつながる。「自我がさまよいだす」現象については、よくわかっていないが、境界での刺激などが、痛み、睡眠障害のような、一見「内界」「意識」の現象だと想定されることに作用するという事実は興味深い。内界、意識が境界場の影響下にあることは疑う余地がないと考える。

次章では、引き続き、人間の意識、これが残念なぐらいあてにならないことを述べようと思う。

第4章　人間の意識

「統一された人格という観念は生物学的にみて便宜的に作られた幻覚である。肉体を制御し、単一の自我という共通の幻覚を生み出す多数の行動体系の統合もその幻覚によってである。」（ハーバート・ジョージ・ウエルズ『タイム・マシン　他九篇』[1]）

人間の意識は、実は、実際の行動に結びつく脳活動の後で現れる、あるいは作られるようだ。つまり、脳がまず行動を決める。意識はその後に作られるのだ。そして意識は、意識したときにしか存在しないのではないかと思う。まず、この点について確認しておこう。

そういう見方が出てきたきっかけは、一九八五年、カリフォルニア大学サンフランシスコ校の生理学者、ベンジャミン・リベットが、被験者の脳の活動電位を測定しながら、被験者に手首を曲げるなど単純な行動をさせる実験を行った結果だった。被験者が「手首を曲げようと意識した」その〇・五秒前に、脳の電気的変化が起きていたのだ。言い換えれば、手首を曲げる、その行動の指令を出す脳の判断は、本人が意識する〇・五秒前になされている。つまり、行動についての意識は、その行動を起こす脳活動の後で作られた、というのだ[2]。

さらに二〇〇七年、マックス・プランク研究所のジョン・ディラン・ヘインズらは、被験者に指示が出た後、右手か左手でボタンを押す、という動作をさせ、その過程の脳の活動をｆＭＲＩ（機能的磁気共鳴画像法）という新しい技術で観察した。その結果、なんと被験者の「意識」によるボタンを押すという行動の七秒も前に、脳に反応が出ていたという[3]。

現実では、たいていの場合、脳が行動を起こす判断をしてから実際の行動までの時間はもっと短いだろうとぼくは考える。たとえば、自動車を運転していて、前の車が急に止まったのを見てブレーキを踏む。その間に七秒、いや〇・五秒もかかっていては、追突はまぬがれない。二つの実験結果が示しているのは「意識せよ」と指示され、その意識が形作られるのに、〇・五秒あるいは七秒かかるということだと思う。

ぼくは十年以上前から「意識はフィクションだ」と主張してきた。その根拠はリベットらの実験だった。その意見に変わりはないが、ここで話を整理しておこうと思う。

人間が、外部からの情報に応じて行動を起こす。その判断は脳の活動であり、ぼくがフィクションだと言う「意識」ではない。ぼくがフィクションだと主張する意識は、「意識したのはいつですか？」と問われて答える、その「意識」だ。だから日常生活のほとんどには、その「意識」が付随しない。家から職場に電車や車で通う、その過程で、駅の乗り換え、座席の選択、あるいは信号や車間距離、それらの判断をいちいち〇・五秒、ひょっとすると七秒かけて「意識」していては、実際の行動は不可能だ。

そして、これから述べる「意識」は、注釈がない限り、脳が判断して行動を起こさせる「意識」であって、「意識したのはいつですか？」と問われて構成される「意識」ではない。

あいまいな意識

さて、その人間の意識だが、近年の研究によって、そのイメージが変わってきたように感じる。意識というものは、当然連続するもので、途切れ途切れのものではないと考えられてきた。たとえば、なにかを注視する間、その注視するという知覚には変動がない、そう考えられてきた。つまり、じっと見ているときは途切れなくじっと見ている。ところが、プリンストン大学の研究者たちが、サルがものを注視しているとき、脳の活動に一秒に三〜八回の変動があることを発見した。[4] 彼らは、ものを見る、その視覚情報を得る作業が途切れるわけではないが、集中する作業には一秒に数回の変動がある、その理由は、突然状況が変わったとき、すばやく注視する対象を変えるためだと考察している。それはそれで合理的だが、じっと見つめる際、脳のほうは集中したり、ちょっとゆるめたりをくり返しているというのは、意識についての考え方を変える事実だと思う。

一方で、そうやってものを見るということ、知覚についても一種の編集作業があるという報告もある。カリフォルニア大学バークレー校の研究者たちは、被験者に、ある人の顔が三〇秒間に、たとえば一三歳から二五歳までだんだん歳を経ていく写真、言わば映画を見せた。そして、その写真の年齢を言わせると、「二五歳」とは答えず、過去一五秒間の映像を合わせ混ぜた、言わば平均値の年齢（たとえば一八歳とか二〇歳とか）、が答えであったという。つまり、人間は過去一五秒間に見た映像を合わせて積分した情報で「見ている」らしい。この返答は「意識せよ」と言われて構成された意識だ。(5) 実際には、判断から行動へつなげる際に、なにかのはずみでゆらぐ映像の中から、本質的な形を把握するためのしくみなのかもしれない。しかしながら、一方で、一五秒という時間の中での変化を「見落とす」危険性もある。

こういう報告を眺めていると、ぼくたちの意識――もちろん、それは大事なものだと信じたいのだが――には、ずいぶんあやふやなところもあるなあ、と不安になってくる。しかしながら、そのあやふやなところ、あれこれ、いろんなものごとの影響を受けるところがゆえに、よいこともあるようだ。

ニューヨーク、パリ、バーミンガムの研究者たちが、物語、ジュール・ヴェルヌの『海底二万里』を被験者にオーディオブックで聴かせて、その際の心拍数を観測した。すると、別々に聴いていても、物語の同じ箇所で被験者の心拍数が同期したというのだ。(6)

心拍数、つまり心臓の動きは、基本的に無意識に維持されている。しかしながら、物語を聴く（読む）ことは意識の働きだが、それが身体機能にまで影響するのだ。だから、物語を通じて、たとえば『源氏物語』を読めば千年前の紫式部と身体感覚がつながる。『カラマーゾフの兄弟』を読めば百五十年ほど前のロシア帝政時代のドストエフスキーと同じドキドキを経験できるということになる。物語という表現が何千年もの間、人類に大切にされてきたのは、物語を通じて一人の人間が時間と空間を超えることができる、それによって、長く広い人類の歴史の中で普遍的なもの、変わらず大切にしなければならないなにごとかを共有できるからではないかと考える。

このような計測方法で評価できる身体情報を、人間の意味体験と結びつけることに対して、反論があるかもしれない。人間の意味体験は単純な生理学因子、生化学因子に還元できるものではないと考える。しかし、ぼくが、この論文に優れた意義を感じる理由は、物語という表現方法、その価値をわかりやすく提示しているからだ。

意味を見出したがる意識

人間の意識は、あたりまえだが、地域や言語や民族によって違っている。それは、それぞれの人が、先祖代々過ごしてきた歴史、文化の影響を受けてきたからであるが、一方で、人間に普遍的な意識のありようを感じることがある。

人間は、なにを見てもそこに意味を見出そうとする本能、意識があるように感じる。ロールシャッハテストはその例だ。夜空を見上げれば星座を見出す。南方熊楠がロンドンに住んでいた頃、*Nature* に寄稿した「東洋の星座」という論文がいい例で、地域が違えば見える星座も違うのだが、人間が夜空を見上げると、人間やら動物やらさまざまな形象が見えてくるというのは、共通した志向のようだ。(7)

それが高じて天体観測、さらには望遠鏡で星を眺めるようになり、地動説から万有引力の法則、相対性理論、宇宙論と、人間が「意味」を求める意思にはとめどがない。

　なにもない場所をいろんなもので埋めつくす衝動も、人間に共通してあるようだ。砂漠にピラミッドなどを建てる、空に向かって塔を建てる、インドの石窟寺院やイスラム寺院、マヤ文明の遺跡などを見ると、さまざまに違うパターンで崖やら天井やら壁やらを埋めつくす。なにもない「空いている」場所、空間を怖れるかのような意思を感じる。一方で、日本の寺社建築、庭園は、たとえば桂離宮のように、むしろ空間の広がりを重視している印象が深い。これには季節変化が多い日本の風土や、それによって育まれてきた独自の民族的な美意識が反映されているのかもしれない。しかしながら、その奥底には、やはりなにかの意味を見出そうとする精神があるようだ。

　京都、龍安寺には有名な石庭がある。この石庭の石の配置にも、巧みなパターンが隠されているという説がある。(8) 石庭を鑑賞する際、古くから薦められてきた場所は寺院中核で、かつて仏像が配置されていた前の位置である。そこに座って庭を眺めると、おおまかに五群に配置された石が、木の枝が二つ、また二つと分かれていくパターンに沿うように見えるという。つまり、木の幹から枝が分かれ、やがて細くなっていくイメージが得られる。その位置からずれる、あるいは石の位置が変わると、そのイメージが消えるという。抽象的に見える石庭だが、そこには木が伸びていくイメージが内包されていて、それが魅力だという。このことは後でもう一度、考えてみる。

　人間には、自分で考えることが世界の理解につながる、よりよい生き方につながるという観念、あるいは祈念があるようだ。そのため、偶然にできた壁の汚れを見ても、夜空を見ても、なにか具体的な「意味」を見出そうとする。なにも見えない空っぽの場所を見ると、なんだか不安になって、あれこれ思いつくまま、自分が意味を感じるなにかでそれを埋める。そういう意識が人間の繁栄をもたらした側面はあるだろうけれど、さまざまな災厄も引き寄せた気がする。

五感から世界を構成する意識

人間の五感、そしてそこから得られた情報をもとにして、周囲の世界像を意識として統合する、そのシステムは極めて精妙だと思う。たとえば木を見る。その全体の、そして部分の形を見る。それぞれの色の波長は電磁波なのだが、それを緑や褐色だと意識する。それらの情報を統合して「木」だと認識し、それが空間の中に一定時間以上、多く存在すると認識した場合、林だ、森だと意識する。それが時空間の中でゆらぐ。同時に自分の頬に空気の圧力変化を感じる。ああ、風が吹いてきた、と意識の中に世界が立ち現れる。

人間が五感から、つまり眼や耳、皮膚や鼻、舌などから得られた情報を、おそらくは脳で編集し知覚しているという証拠に、マガーク効果と呼ばれる現象がある。(9) 被験者に、誰かが「ガ・ガ」と言っている動画を見せる。その際、「バ・バ」という音を聴かせる。すると、その視覚情報(多分、口の形)と聴覚情報が混ざり合って、被験者は「ダ・ダ」という音が聞こえたと知覚する。あるいは「パ・

パ」という音を聴かせながら「カ・カ」と言っている映像を見せると「タ・タ」と認識されたという。触覚も聴覚情報に影響する。被験者に「バ」という音を聴かせながら、被験者の首や手に空気を吹きかける。すると「パ」に聴こえたという。(10)

人間は視覚情報と聴覚情報、これらを編集して「意識」しているようだ。人間の耳は、周波数二〇ヘルツから二万ヘルツの音まで聴こえるとされる。グランドピアノの八八ある鍵盤の左端が二七・五ヘルツ、右端が四一八六ヘルツである。大橋力らが発見したハイパーソニック効果は、耳に聴こえない高周波音、三万から一〇万ヘルツまでの音が、脳波や体内のホルモン量などに作用するという現象である。(11) 大橋らは、おそらく皮膚が高周波音を感知していると考えている。

一方で、耳に聴こえない低音、低い周波数の音、これが「踊りたい！」という衝動をかきたてる、という報告もある。カナダの電子音楽的なデュオ、オルフクス（Orphz）のライブでの実験だ。八〜三七ヘルツの音を二分半ずつ、五五分間「聴かせた」。二〇ヘルツから上の音が人間の耳が感知でき、ピアノの最低音が二七・五ヘルツだから、かなり低い音だ。そのコンサート後のアンケートを調べた結果、その低音があったほうが「楽しかった」「身体を動かしたくなった」という感想が多かったのだという。(12) これも「皮膚が聴いている」のだと想像する。

あるいはバイノーラルビートという一種の音響技術がある。ヘッドフォンを使って左右の耳にわずかに異なる周波数の音を聴かせ、それによって脳を刺激する、覚醒させる方法だ。最近の報告では、脳波のシータ波の測定に際しては左耳に四三八ヘルツ、右耳に四四二ヘルツを聴かせ、アルファ波の評価では左耳に四三六ヘルツ、右耳に四四四ヘルツの音を聴かせて実験を行った。シータ波に作用する周波数の違いは四ヘルツ程度、アルファ波に作用するのは八ヘルツ程度だという先行研究があり、さらに四〇〇ヘルツあたりの音が頭蓋骨の大きさから考えて最適だという知見から、そのような周波数を選んだ、と論文の著者たちは記述している。その結果、バイノーラルビートによる刺激でシータ波、アルファ波が顕著になったという。シータ波、アルファ波はどちらも、まどろんでいたりリラックスしていたりする際に現れる波で、バイノーラルビートによるリラックス効果が証明されたと著者たちは結論づけている[13]。

昔の人はすでに経験から、そんな音の効果を知っていたのではないかと思う。三十年以上前、ギリシャで古代遺跡をめぐるバスツアーに参加した。とある大きなすり鉢状の円形劇場跡で、ぼくたちは最上段に座っていた。ガイドの女性が、一番底の舞台で手に持った紙をくしゃっと握りつぶす音が、はっきり聞こえた。しかけはわからないが、優れた音響効果のための建築方法が知られていたのではないかと想像した。

ぼくが、録画された映像とライブの違いをはっきり感じたのは、能楽だった。初めて能舞台で観賞したのは「桜川」だったと思う。驚くほど感動した。なにが違っていたのか未だにわからない。ただ、音響効果の違いかもしれないなあ、と考えている。能舞台には音響的なしかけがあるそうだ。能ではシテ（主役）のドン！　という床を踏み鳴らす音が、物語の展開で重要な役割を果たす。その床下には大きな甕が置かれているらしい。ある論文では、甕の口を鉛の板で覆うと、音の余韻が変わったとしている。[14] もっとも、それは床下のマイクロフォンでのみ感知され、観客には影響しないだろうと、著者は述べている。しかしながら、ここで測定されたのは三一・五〜一〇〇〇ヘルツの音の領域である。もっと低い音（踊りたくなる音）、あるいはハイパーソニック効果をもたらす超高周波音が能舞台を際立だせている可能性があると、ぼくは想像している。

あるいは、クラシックでもロックでも、CD、レコード、インターネットで聴いたときの印象は、ライブで「体験」したときの感動には及ばないのが普通だ。ライブでは、大橋らが提唱してきた高周波数音のような「皮膚で聴く」音もあっただろうし、演奏者の様子などの視覚情報、会場の熱気の触覚情報も存在していただろう。グスタフ・マーラーの交響曲第一番のフィナーレではホルン奏者が立ち上がる。ちゃんと楽譜にマーラーがそうしろと書いているらしい。それには音響的な効果もあるのかもしれないが、壮大なフィナーレを盛り上げるための視覚的効果もあるのではないか。マーラーが生きていた頃はまだ音楽を録音する技術はつたなく、彼の作品を聴きたい人はコンサートホールに出向いていただろうから。

たとえば旅先で美しい景色に出会ったとき、それを記憶するために写真を撮る。あるいは動画を撮影する。旅から戻ってそれらを見ると、美しかった景色の記憶は戻ってくるが、そのときの感動までは再現できない。おそらく旅先では、景色という視覚情報だけではなく、音や風、においなどの情報もその場に含まれていて、それらすべてが統合、編集された結果、「美しい景色」の感動が生まれているのだ。

誰かがしゃべっているのを聴いている。その際、しゃべっている人の身ぶり、ジェスチャーが聴く側の音声認識に影響するという報告もある。[15] この実験では、オランダ語でしゃべっていて、しゃべる側が右手を上げたり下げたりするという動作を行う。そうすると、その際の音節が被験者には強く感じられた、というのだ。これも一種のマガーク効果だと著者たちは主張している。あまりよい例ではないが、アドルフ・ヒトラーは演説の際の身ぶり手ぶりを綿密に計画し、練習していたという。その演説の内容はろくでもないものだったにせよ、人間の意識を操る天性のカンを持っていたようだ。

アニメーションで明滅する光が原因で、子どもたちに意識障害が起きた事件があった。これはもちろん避けるべきことではあるが、特に周波数四〇ヘルツの明滅する光による医療の可能性を示した報告がある。どちらもネズミを使った実験であり、人間への適用が可能かどうかはわからない。しかし、動的な光刺激が生体に、なんらかの影響を及ぼす可能性はありそうだ。

一つは、認知症、アルツハイマーのモデルマウスを用いた実験だ。七日間、四〇ヘルツの光と音の照射によって、まず空間記憶と認識記憶の能力の改善が認められた。さらに、アルツハイマーの原因物質とされるベータアミロイドの、脳の中の量が減少したという。[16] 同様の結論を示した論文が、最近刊行されている。[17] 特定の感覚刺激は明らかに脳の認知機能を高める効果が期待できそうだ。

もう一つの研究は、よくない光の影響を示唆している。普通のネズミに五〜六〇分、これまた四〇ヘルツで明滅する光を照射した。その結果、炎症の原因になる物質、サイトカインが増加したという。[18] 興味深いことに、この実験では、ランダムな明滅、二〇ヘルツ、四〇ヘルツ、継続する光の効果を比較していて、その中で四〇ヘルツの場合、特に顕著なサイトカインの上昇が認められたという。ある特定の周期で明滅する光は、おそらくは視覚を通じて炎症の応答まで惹起する可能性がある。

四〇ヘルツの光刺激、これがよいのか悪いのかわからなくなってきた。ただ、効果がある薬剤には必ず副作用があるように、明滅する光刺激が生体に及ぼす影響にも、いくつもの側面がありそうだ。今後、人間に応用する場合、十分な注意が必要だと思う。

内界は外界を知らない

あれこれ、比較的新しい研究報告を挙げてみた。この分野では、膨大な報告が次々に現れてくる。それらを鳥瞰して思うのは、ぼくたちの潜在的な意識、脳の状態が、音や光のような環境因子に大きな影響を受けるということだ。それは、その環境に接した人間だけが体験する現象だ。そこにいた人間は確実に影響を受け、その結果、それはその人間の判断や行動に反映されるだろう。しかしながら、一方でこれらの現象は、言語で語れる意識、意識せよと言われて意識するものではない。だから、その場にいなかった人間には理解できない現象でもある。

さまざまな環境因子、それが変転するのが世界である。その世界に触れる場にいる人間は、確実にその世界の影響を受ける。しかしながら、その場、世界と触れる境界にいない人間、社会の「内界」とでも表現しようか、そこにいる人間は、世界の変化を「体感」することはできない。繰り返すが、群のシミュレーション、ボイドを思い出そう。

内界の人間は、境界で「体感」した人間から、意識化した、つまりは言語化した情報として、世界の変化を知らされるだけだ。内界は境界の機能維持に関与する場合もあるが、それは限定的だ。なぜなら内界は、境界で起きる現象を直接には知らない。内界が知ることは、境界の機能によってもたらされた、境界の外、外界の限定的な情報、それも境界によって意識化され言語化され、整理され編集された情報だけである。たとえば、大きな企業の取締役会にもたらされる市場の情報は、営業の現場で整理されたものであろう。内界は、もたらされた世界の情報が、実際の世界の状況から抽出され整理された限定的なものであるという認識を、常に持つ必要がある。それを怠ると、内界は世界の変化から離れた存在になる。

内界について論ずる場合は、必ず境界の機能について考察せざるをえない。言い換えれば、内界は境界の機能で定義される。なんの機能も持たない境界による内界は、外界を理解できない。その内界は外界があることさえ知らない。そして、その内界は境界を知ることもない。内界は境界からもたらされた情報だけで外界の破片を空想する。そして、その空想だけで維持される内界は、内界の秩序を保つ方向に流れる。内界独自の時間が流れることもある。

人間の場合、内界を統御するのは脳だ。脳は、実は外の世界を知らない。前述のように感覚器で処理された外界の情報だけで、脳は外界を想像する。そして判断し行動するわけであるが、それが場合によっては誤っている。誤った情報で下した判断は、自らを危険にさらす場合すらある。

脳の空想のみを信じる傾向が人間にはある。その空想を意識と呼ぶ。意識は、脳の中で独自に展開される架空の世界だ。それが現実の外界の状況と乖離したとき、深刻な問題が起きる。

以下、アジア南部の仏教経典の逸話である。ローヒタッサ天子は、前世で途方もないスピードで移動できる能力があったのに、世界の果てに到達できなかった、と世尊に言う。世尊は、その身体が世界の果てだと説く。

「天子よ。実は想があり、意があるこの身長一尋の肉体において世界と世界の因と世界の滅と世界の滅に至る道（四聖諦）とを私は説くのである。」（ウ・ウェープッラ『南方仏教基本聖典』[19]）

ローヒタッサ天子が知る、知っていると主張する世界は、実は内界の世界だと世尊は言いたいのだ。天子は、それが内界の世界であると気がついていない。世尊は、世界を知りうるのは世界に触れうる身体だけだと説く。ある個体にとって、世界はそこにしかない。世界の果てもそこにしかない、と説いているのだと思う。

次章では、人間の内界である脳、そこに生じる虚構について述べようと思う。その虚構は、人間の、あるいは多くの生命が、生存のために築き上げてきたものだとは思う。生存のために必要なものだとも思う。しかしながら、それが虚構であることを忘れると、逆に生存が危険にさらされることもあると考える。だから、その虚構のしくみ、成り立ちを眺めてみたい。

第5章　内界の虚構

「そしてまさに因果律にしたがって、時間と空間の枠内で流れて行く客観的世界というこの理念の狭さこそが、いろいろな宗教の精神的な枠とのいざこざを引き起こしてきたものなのだ。」（ヴォルフガング・パウリ）[1]

因果律、という言葉がある。なにかの出来事には必ず原因がある。ある出来事の結果として、なにかが起きる。あたりまえのように思うが、よく考えるとそうでもないのだ。おそらく、ぼくたちがいる世界、宇宙にだけ特有の「時間」があって、その特別な時間の中で、言わば錯覚として因果律があるのではないだろうか。量子力学を構築した科学者の一人であるヴォルフガング・パウリには、それが見えていたのだと思う。

未来は予測できるが過去は推察できない

物理学の世界で、過去から未来への一方的な時間の流れが現れるのは、第3章で述べた熱力学の第二法則、エントロピー増大の法則だ。形あるものはすべて崩れてゆく。諸行無常の世界観で、なんとなく誰もが納得している。しかし、その法則は宇宙全体、どこでも完全に成立するとは言えない。

ボルツマンの考えを厳密に言えば、無秩序の状態から秩序が生まれる可能性がないわけではない。たとえば千個のサイコロを振って全部1の目が出ることも、膨大な回数サイコロを振ればありえなくはない。しかし、たとえば一モルの水、約一八グラムの水には、アボガドロ数の水分子、およそ六兆の一〇億倍の数の水分子がある。勝手気ままに動いている。それが偶然、全部同じ方向に向かう確率を想像してほしい。もしそんなことが起きたら、たとえばなにもしていないのに水が突然凍ったり沸騰したりすることもありうるのだが、現実の世界、生活の中でそんなことを目にする可能性はないに等しいぐらい低い、というのがボルツマンの考えの基礎だ。

環境から隔てられ、熱などのエネルギーのやりとりもない場所では、時間が経つと、なにごとも起きない状態になる。これを平衡状態という。平衡状態に至ると、時間の経過による変化はなくなる。そこでは時間はなくなる。正確に言うと、時間の経過が見えなくなる。逆に、ぼくたちが絶えず自分や周りの世界が時間とともに変化することを感じるのは、ぼくたちが平衡状態にないからだ。ぼくが過去から未来へ流れる時間の感覚を持つのは、ぼくの住んでいる宇宙領域が今なお平衡から遠く隔たっているということに由来するのである。平衡とは、エネルギーやものの出入りがない閉ざされた空間の中で、分子も原子も一定の状態でエントロピーが極大になった状態のことだ。だから、ぼくが見る現実の世界ではさまざまなものの動きやエネルギーの流れがあるのだが、それは平衡状態の世界ではない。

コップの水に赤いインクを一滴落とす。インクは拡散し、やがてうっすら赤い水になる。この場合、インクを落とした後の未来は明らかである。コップの中に、いつ、どこにインクを落としても、その未来は予測できる。「うっすら赤い水になる」。しかし「うっすら赤い水」を見ても、その過去はわからない。いつどこでどうやって水に赤いインクが混入されたのか、それは目の前にある「赤い水」をどう検証しようと、過去の記録がなければわからない。赤いインクが水の中で拡散し、やがて均一な「赤い水」になるのはエントロピーが増加する系だ。だから、エントロピーが増加する系では未来が予測できることがある。逆に過去の推察は不可能である。予測できる現象はエントロピーが増加する場合だけである。

物理学者の渡辺慧は、別の仮想実験で、未来は予測できるが、過去は推察できないことを示している。[2] U字型のレールがあるとする。その上を球が動いていると考える。ある瞬間、写真を撮ったら、その球がU字の脇のどこかにあったとする（図5-1上）。それが、その前の時間、過去、どこにあったのかは推察できない。しかし摩擦があるレールであれば、球は左右に揺れながら、やがてはU字の

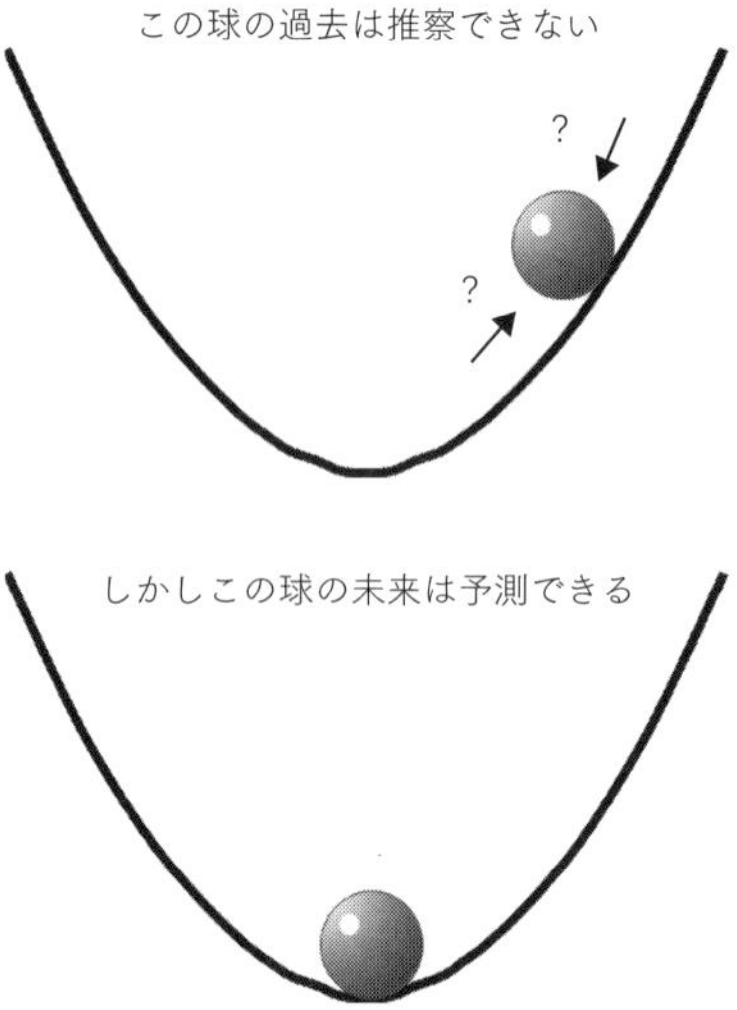
この球の過去は推察できない
?
?
しかしこの球の未来は予測できる

図5-1　U字型のレール上の球

底に近づいてゆき、停止するという未来は予測できる（図5－1下）。

受精卵が分裂をくり返し、胎児になり、誕生して成長する。それらの過程がたいていの場合予測できるのは、エントロピー増加の系だからだ。それからさまざまな人生が展開されるだろうが、結末は決まっている。死である。

今、ぼくたちがいる宇宙が、拡散していることは間違いがなさそうだ。だから、この宇宙はエントロピーが増加する系だ。ぼくたちが世界を推察するその基本も、エントロピーが増加する系である。これらの一致は偶然かもしれないが、この宇宙で予測が可能な現象はエントロピーが増加する場合だけである。そのため、ぼくたちが世界を推察するやり方も、それに合わせて進化の過程で結果的に構築されたのかもしれない。未来の予測は、起きるかもしれない危険を避け、生存に必要な食べ物や棲みかを確保するのに役立つ。

われわれの暮らす世界の時間の流れ

宇宙の起源からの時空間的な変化については、未だ、さまざまな説がある。ただ膨らんでいくという説、脈動するように膨らんだり収縮したりしているという説などである。まだ定説には至っていないようだ。ただ、今の宇宙が時間とともにエントロピー増加の方向に向かっているのは確かである。つまり、宇宙は平衡状態に達してはいない。

エントロピーは増加するものだ、とたいていの人が信じている。第3章で述べた例のように、イヤホンコードは絡まっていくし、箱の中の粒子はムラを作りながら散らばってゆく。ボルツマンの理論構築の中でも、それが前提とされている。しかし今、宇宙全体のエントロピーは時間とともに増えているとする。そうなると、少なくともある過去にはエントロピーが現在より低い状態にあったのかもしれない。原初、エントロピーが低い状態からずっと増え続けているのか、未来に宇宙的エントロピーが減少に転ずるときが来るのか。膨張し続ける宇宙、膨張と縮退を繰り返す宇宙。さまざまな宇宙論があり、それぞれにエントロピーの変化も定義される。

たしかなことは、今の人間の知識で把握しうる歴史の中、人間の知識が及ぶ空間の中で、エントロピーは増加している。そして、それはぼくたちがいる世界でのみ、起きていることなのかもしれない。人智の範囲の時空間でエントロピーは増加している。その中で、生命はエントロピーが低い状態を維持しつつ、しかし世界ではエントロピーが増加すること、多様性への発展を可能にすること、それが四十億年間続いてきた。生命は、エントロピーが増加するという時空間の流れを言わば利用しながら、その存在を維持し、多様化を続けてきた存在である。

数十億年にわたって太陽系は存在しているらしい。その動きの妥当性はニュートン力学で証明されている。しかし、現在の系――太陽を中心に八つの惑星が、場合によっては衛星を従えて回っている状態――は、今の考え方では、あるとき偶然にできたとされる。偶然にできた周期的運動系が数十億年、なにかしらの変動があった痕跡もあるが、持続している。

生命の起源、その後の進化について大きな役割を果たした地球の環境も、数十億年、変動しながら継続してきたシステムである。大気組成や海と大陸の形は変化し続けてきたが、四十億年以上、常に水があり、大気と水の循環もあった。地球の公転と自転が熱力学的に生み出した周期的な変化が常にあった。この起源も偶然ではあった。

因果律という虚構

因果律は、そんな世界の中で、人間の脳で作られたフィクションである。過去の現象と現在の現象との間に、つながり、つまり原因と結果があるということを、言わば無理矢理構築したがる働きが脳にはある。たとえばパブロフの犬のような条件反射も、その原始的な形だ。本来、合図の音と食物には関係がないのだが、それが繰り返されると、そこに原因と結果があるように考えられるようになる。人間の場合には、特に言語的意識が成立して以来、過去と現在をより緻密に原因と結果として考える作業が一般的になったと考えられる。その作業の成果は、さまざまな力を人間にもたらした。つまり、過去の経験から未来を予知することが、場合によっては可能になった。その利益に気づいた人間は、経験から未来予知することにより熱中するようになった。自然科学、実験科学もそこから生まれた。社会科学ですらその方法論を試すようになった。マルクス主義の歴史観のようなものである。

因果律には時間がある。すなわち、過去から未来へ流れる時間の流れがある。人間や動物がその時間を感知するようになったのは、世界が大局的にはエントロピー増加の方向に向かう、その変化を時間として認識する性質を有していたからである。つまり、学習能力を持つ生物すべては、熱力学の第二法則を知っている。そうすることが生存に有利だからだ。しかし、現実には局所的にエントロピーが減少する場合もある。たとえば多細胞生物の発生の過程、あるいは第3章で述べたベナール対流の出現は、一つの定められた結果に向かって進む時間を感じさせる。プリゴジンの理論によれば、その過程は異常なものではない。しかし、エントロピーが増加する現象、それに基づく因果律という世界、それに慣れてきた人間には、その過程が極めて不可思議なものに見える。そのような一見因果律に反するような現象が見出されたとしても、それは必ずしも物理学的見地からは異常な現象ではない。それは起こりうる現象なのである。ただ、われわれの認識、脳による知覚がそれに慣れていないから、それを不可思議なものと感じるのである。

因果律の学習

エントロピーが増加する系においては、ある時点から過去は推察できないが、未来はある程度予測できる。未来は必ずエントロピーが増加するからである。一方で、エントロピーが減少する系では、過去は推察できるが、未来の予測は不可能である。今、目の前に新生児がいたとする。その過去は受精から発生、分化まで容易に想像できる。しかし、仮に両親がわかっていたにせよ、その新生児がどのような成人になるかは予測できない。しかし死は確実に訪れる。つまり、人間の成長もエントロピーが増加してゆく過程であり、新生児、あるいは受精卵は、人間の生涯の中でエントロピーが最小の状態だと言える。

因果律は学習が始まったときから存在している。神経系の学習、長期記憶のメカニズムの解明で、ミレニアムの年（二〇〇〇年）に、ノーベル生理学・医学賞を受賞したエリック・カンデル。最初は精神科医を目指していた彼が、最終的に選んだ実験系は、潮だまりに棲むナメクジを大きくしたような生き物、アメフラシ（図5-2）だった。[3] アメフラシの背中に見える部分に、サイフォン（siphon）と呼ばれる部位がある。呼吸のためのエラの隣にある。そこを刺激されると、アメフラシはエラを閉じる。サイフォンはエラに近いから危険だと察知するのだ。エラから離れたシッポを刺激しても、最初はエラを閉じることはない。ところが、何度もサイフォンとシッポを刺激するうち、エラから離れたシッポを刺激してもエラを引っ込めるようになる。つまり学習した、記憶した、とカンデルは考えた。カンデルがアメフラシを選んだのは、その神経系が大きく、解剖してそのメカニズムを調べやすかったからだ。サイフォンの刺激を伝える神経系、シッポの刺激を伝える神経系、それがエラを引っ込める神経系を取り出し、神経系の間の接続、シナプスの状態を解析したところ、アメフラシが「学習」した結果としてシッポの神経系からセロトニンが放出され、エラを引っ込める神経系を作動させる経路が構築されていることを見出した。つまり、これが「学習」と「記憶」の基本だというのだ。なにかの刺激があり、それに付随してなにかの現象が起こると、アメフラシですらその因果関係を記憶することができるのだ。

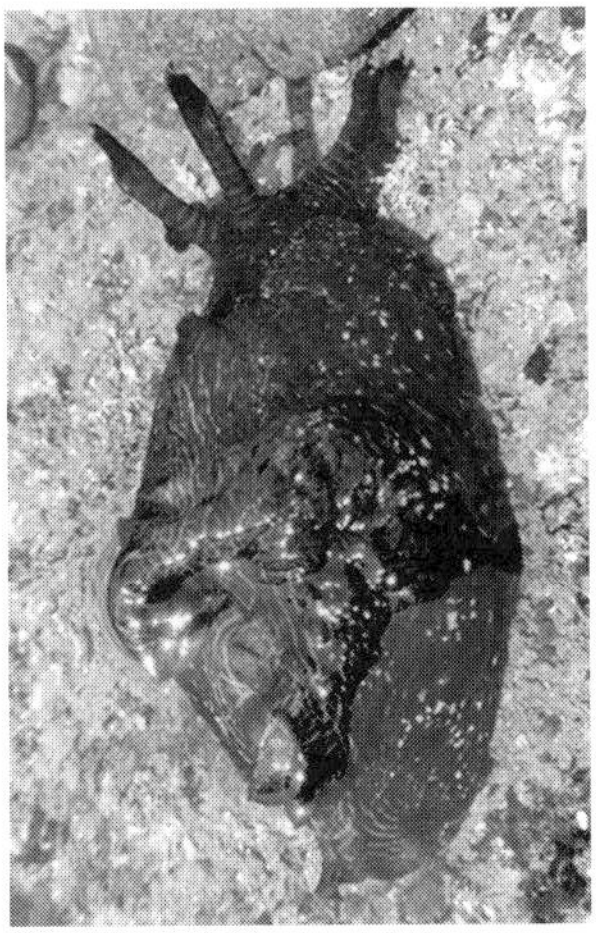

図5-2　アメフラシ

アメフラシは簡単ながら中枢神経系を持っているが、最近、中枢神経系がない、神経系が全身に散らばってネット状の原始的な神経系しか持たないイソギンチャクも学習する、という研究が報告されている。[4] イソギンチャクに電気刺激と光刺激を同時に与える。刺激のたびにイソギンチャクは「イテッ!」と身体を縮めるのだが、それをくり返すうち、光だけでも身体を縮めるようになったという。なんだかパブロフの犬を思い出す実験なのだが、犬のような賢い動物でなくても、いや中枢神経系がなくても学習と記憶が成立するという衝撃的な研究である。すなわち、因果律はアメフラシの中にも存在する。イソギンチャクだって学習する。

おそらく、最も単純な多細胞生物が現れた頃から有していた、因果律を学習する能力、それは人間が言語を持つようになって、きわめて高度なシミュレーションとして役立つようになった。人間の言語は、時間の流れの中における記号の流れである。すなわち、時間の前と後を記述する優れた道具として、言語が成立したのである。しかしながら因果律は所詮、シミュレーションにすぎない。アメフラシの、イソギンチャクの実験を思い出してほしい。外からの刺激は、必ずしも世界のシステムを反映しているものではない。パブロフの犬を思い出してもかまわない。ましてや人間の言語によるシミュレーション、因果律的なものの考え方は、さまざまな誤謬に満ちている。実験科学は、それぞれの段階で、世界との整合性とその理論を比較しながら構築されている。その点において、実験科学的手法は誠に手のかかる方法ではあるが、フィクションである言語に陥ってしまわないという点において、優れた方法ではある。

しかしながら、それが常に世界の状況を提示しているという保証はない。実験科学的手法は、常に得られた仮説を試し、それが世界と折り合うかを確認し、ズレが確認できたら新たな仮説を立て、それをまた試す、という過程をくり返すことであって、一度確認できた仮説を普遍の世界像だと信じ込んではいけない。それは実験科学ではない。世界は可能性として変わり続けるものなのだ。

人間の学習、学びも、この点から考える必要があるだろう。ある社会がある。そこに属する人間は、その社会における役割、その社会を維持するためのルール、それを学ぶ必要は絶対にある。しかし、どんな社会も、それ自体が変転する世界に接していて、社会を維持するルールも動的であり、状況によって変わってゆく余地を有していなければならない。そのためには、その社会を構成する個々の人間の思想、考え方を拘束してはならない。個々の人間の行動規範は必要だが、それが絶対視されることは、やがてはその社会の動きに障害をもたらすと考える。なにごとでも疑う自由は阻害されてはならない。「変わらない未来」は存在しえない。

未来は非決定的

「われわれは、現在についてはほとんど考えない。そして、もし考えたにしても、それは未来を処理するための光をそこから得ようとするためだけである。現在は決して我々の目的ではない。過去と現在とは、我々の手段であり、ただ未来だけがわれわれの目的である。」（ブレーズ・パスカル『パンセ』[(5)]第二章一七二節）

ブレーズ・パスカルのこの文章は、その前後から考えて、信仰を持たない人間に対する批判として書かれたのではないかと想像する。「今を大切に生きよう」と言われて、それはそうだと思うが、しかし、未来を常に考える、それをもとに今どうするか判断する。これは人間の本性であるように思う。

原則として、未来を予知するには、それに関わるすべての情報を獲得しておかねばならないが、すべての情報が得られるのは、その未来の時間点の後である。競馬の勝負はすべての馬がゴールするまでわからない。ゴール直前に倒れる馬の情報は、その馬が倒れるまで得られない。

「すべての出来事には原因があって、その出来事は結果である」というのは因果律である。前に述べた「赤い水」の原因は、どこかで赤いインクが水と混ざったことである。しかし、結果である「赤い水」から単一の原因、いつどこでどのように混ざったのか、は決定できない。言い換えれば、因果律では、原因から結果を予想できるが、結果から原因の予想は必ずしもできるとは限らない。それができるのは、エントロピーが時間とともに増大することがない、限定された状況の場合である。たとえば犯罪者の動機は、数え上げれば無限にある。

因果律は世界を予測する手段になる。だから、簡単な構造しか持たない動物ですら、それを利用してきた。しかし、それにだけ依存していては、個体の死に至ることもある。進化による生物の多様化は、それを回避するためではなかったか。生物が多様化する潜在力を有していたからこそ、地球上には生物という、その個体の中でエントロピーを減少させる、ある意味不思議な存在が、存在し続けていたのかもしれない。

人間の意識、論理も因果律を志向する傾向がある。というより、因果律に基づく未来の予測をより精緻に確実にするために、意識や論理が、そしてそれを支える言語が発達してきた。実験科学もその枝の一つだ。しかしながら、この数世紀、未来は予測可能であり、それに向けて進むべきだという言わばドグマが広がり、特に二〇世紀には、さまざまな惨劇、人類の存続さえ危うくなるできごとを起こしてきたように感じる。残念なことに、科学もその動きに巻き込まれてしまった。生命の本質、それは絶え間なくエントロピーを減少させることである。そこでは未来は非決定的なのだ。因果律に慣れた人間は、非決定的な未来を厭わしく思う。それはしかたがない。しかし、それをごまかすために、決まった未来があるような詭弁的思想を信奉することは、確実に個人を、社会を、種を、危険にさらす可能性がある。

意識、あるいは論理というものは、言わば人間が社会生活を送るための道具にすぎない。道具として人間が発達させてきた。それを駆使すれば、さまざまな局面で生きるために役に立つ。しかしながらそこには、人間にとっての外界にある、真理はない。なにやらあてになりそうにない人間の意識、次章ではこれがどのように成り立ってきたのか考えてみよう。

第6章　意識という場

「脳と身体の緊密な協力関係で構成されている有機体は、一個の相対として環境全体と相互作用する。しかしわれわれ人間の複雑な有機体は、単に環境と相互作用するだけ——つまり、ひとまとめに『行動』として知られる自発的、反作用的な外的反応を生み出しているだけ——ではない。それは内的反応も生み出し、そのいくつかがイメージ（視覚的、聴覚的、体性感覚的などのイメージ）を構成している。私はそれが心の基盤ではないかと考えている。」（アントニオ・R・ダマシオ『生存する脳——心と脳と身体の神秘』[1]）

前世紀の末に邦訳が刊行されたこの本は、今や脳科学の古典のような気がする。著者の認知神経学者、アントニオ・ダマシオは、人間がなにかを判断する際、脳だけではなく身体の反応も含めた「感情」が必要だと主張した。この章では、さらにその本質を明らかにしていきたい。

進化論を少し

さて、これから現代の人間の意識、その成り立ちについて考えてみる。その前に、その土台になる進化論について述べておこう。

進化論には、さまざまな議論や意見、見解がある。大手の本屋さんに行けば「進化論」コーナーがある。地球上の生き物は全部、神さまが作ったのではないらしい。人々がそう思い始めたのは「進化論」が生まれたことがきっかけだ。チャールズ・ダーウィンの進化論は、自然淘汰という考えが基本になっていると思う。ある種の中に形質が異なるものたちが偶然現れる。その中で、その環境に適したものが生き残り、子孫を残す。それが繰り返されて、さまざまな環境の中で、そこに適したさまざまな種が現れる、というものだ。

分子生物学が興り、遺伝という現象がすべて遺伝子で担われているらしい、ということで、ジャック・モノー[2]のように、進化の原動力は偶然による遺伝子上の突然変異であり、その結果、さまざまな形質の生き物が現れるが、そこで生き残ったものだけが子孫を残す、という説が広がった。これは今でも信じる人が多いと感じる。

ダーウィンの進化論にも反論はたくさん出て、ぼくがなるほどなあと納得したのは、昆虫学者のファーブルの意見だ。彼は、狩猟バチと呼ばれる、ほかの昆虫やクモを幼虫のエサとして「狩る」ハチの生態について多くの記述を残している。特に、「あらじめじがばち」が、蛾の幼虫「夜盗虫」を生きたまま捕獲する手順がすばらしい。夜盗虫は、その節々に神経節を持っている。その動きを封じるには、それらすべてを麻痺させなければならない。「あらじめじがばち」は、その一三ある節々、それぞれのやわらかい場所に一つ一つ針を刺し、最後にゆっくり頭部をあごで締めつける。そうすることで夜盗虫は全く動けないが、死ぬこともない、という状態になる。この手順は省けない。「あらじめじがばち」は、その夜盗虫を土に掘った巣に運び込み、産卵するのだ。ファーブルは、この一連の過程が徐々に進化しながら獲得されたとは考えられないと主張する。つまり、まず適当に一回針を刺しても夜盗虫は暴れて幼虫のエサにならない、すべての過程が最初から確立されていたというのだ(3)。

ではなぜ進化が起きるのか。それについての説得力のある説明はまだない、そう思う。こういう議論をしていると、「人智が及ばない生命の力があるのでは」「やはり神は存在するのでは」とつぶやき始める人は意外に多いと感じる。そうしたほうが早い、簡単だ、と思う。また、それに対する徹底的な反論も思いつかない。ただ、それを認めてしまうと、実験科学など要らなくなってしまう。だから、ぼく個人の意見は、「まだ、説明できませんが、いつか科学の範囲で説明できると信じています。信じたいです」としておく。

人間の意識、これにも自然淘汰の原理があてはまる。そう主張するのはスティーブン・ピンカーである。この心理学者・認知科学者は、身体構造の進化も、心理学的側面を支える脳の進化も、モノーが主張するように、徹底的に遺伝子のランダムな変異、それが形になった際の自然淘汰、それだけだ、と考えている。ぼくの知り合いの研究者にも彼を嫌う人はいるが、ぼくは、まず議論の基礎が揺るがないため、それからの議論が理解しやすいと感じる。

たとえば人間が二つの眼でなにかを見る、その映像から脳の中で三次元画像を構築する、その一連の感覚、知覚を担う存在は、脳の中の細胞、シナプスで結合されたネットワークの電気現象だが、ピンカーはそれをモジュールと呼んでいる。[4] 人間の心、意識、さまざまな環境の変化に対処するための機能、それが個々のモジュールによって担われていて、そのモジュールが、前述のように「突然変異」と「自然淘汰」で進化してきた、とピンカーは説く。

脳の機能における「モジュール」という考え方を最初に提示したのは、哲学者・認知科学者のジェリー・フォーダーだ。彼は人間の脳のさまざまな機能が、それぞれ特異な「回路」によって担われていると考え、それをcognitive module、翻訳書によれば「認知機能単子」と名づけた。[5]

今ではモジュールという言葉が、そのまま日本語として通用しているように思う。たとえば秋葉原の電気街に行くと、「アンプモジュール」「FMモジュール」などという電子キットが売られている。それぞれ電気信号を大きくしたりFMラジオの受信と選局を担ったりする機能を持っている。これらをつなぎ合わせ、電源とスピーカーを付属させると「FMラジオ」になる。つまりFMラジオを構成する機能の一部を担う構造体がモジュールなのだ。

人間の脳は膨大な数の神経細胞によって構築されている情報処理器官であるが、その中で、ある機能を担う「回路」がモジュールである。前述の「アンプモジュール」「FMモジュール」を構成するのはトランジスタやコンデンサ、抵抗などの電子部品だ。それらが然るべく配線されて、それぞれの機能を持つようになる。それと同様だ。部品である神経細胞個々の性質も重要だが、その機能は、それらが組み立てられた後の情報の流れだ。

この「心の進化」説、大筋でぼくは同意する。それよりも、このモジュールという概念がおもしろい。ここから人間の意識や意識にならないなにごとか、それらを説明できる気がする。以下、ぼくの考えを書く。

ナラティブモジュールとストーリーモジュール

人間の脳が関わるさまざまな行動、感じ考え判断すること、それぞれに進化の過程で構築されてきたモジュールが、その機能を担っている。言語を理解し、それを使うモジュール。音楽を聴いて感じるモジュール、嗅覚、味覚、触覚、それぞれの感覚にモジュールがある。人間の脳と身体の感覚と行動全体の中で、それぞれの役割を担うサブルーチンだとも言える。

人間とコンピュータの違いを述べれば、人間のモジュールの中には、時間とともに絶えず変わりゆくモジュールがあると思う。それは生まれたときから記憶を蓄積し、その一方で、変わりゆく環境情報に対応しながら、そのモジュール自体も変わる。それが個人の物語を形成してゆく。「物語モジュール」という表現では、固定された物語のように感じる。変わりゆく個人の物語という意味で、ナラティブモジュールと呼んでみよう。storyに対するnarrativeである。なにかのできごとに対する個人の反応は、その個人のナラティブモジュールによって異なる。五感の中では意外に触覚がナラティブモジュールと密接な関係がありそうだ。

ぼくがよく使うたとえだが、怖い形相の大男が着ている赤いシャツも、穏やかな表情を浮かべる女性が着ている赤いドレスも、同じ赤に見える。しかし、それぞれに同じ運動量でポン、と肩を叩かれたとき、その触覚情報に対して惹起されるぼくの感情は異なる。それは、生まれてからずっとぼくの経験の中で築き上げられてきた、ぼくのナラティブモジュールが、それに応答しているのだ。もしぼくが、過去に、何人かの大柄な男性に親切にされ、一方で一見穏やかな女性になんどもひどい目に遭わされていたら、ぼくは女性に肩を叩かれてゾッとしただろう。そして、ぼくが生きているうちは、これからの経験でぼくのナラティブモジュールは変わっていき、なにかに対するぼくの感情、意識の応答は変わり続けるだろう。

現代のコンピュータあるいは人工知能は、基本的に人間が情報を学習させる。言わばストーリーを学ばせる。そこに時間とともに変化するナラティブはない。そういう人工知能は、外部からの問いかけに対しては、常に同じ返答をする。まあ、ころころ答えが変わる人工知能では道具として不便だ。

しかし、人間の応答は変わる。変わってゆく。変わらない場合は、その人間が、自らのナラティブモジュールによって返答しているのではなく、時間によって変わらないストーリーモジュールによって返答している。たとえば裁判官は、法律というストーリー――それは安易に個人が変えてはならないものであるが——に基づいて判断を、この場合、判決を行う。しかしながら裁判においても、変わりつつある世情を反映させなければならない場合もあり、そのための一つの方法が陪審員制度だと思う。

一人の人間にとって大きなできごとが、ときには重大な精神的問題を起こす理由もここにあるのではないだろうか。たとえば、見知らぬ人物、もともと好ましく思っていない人間にひどい目に遭わされたときは、相手に対し、腹を立てるだけで済む。ところが、ずっと信頼してきた人間に裏切られると、怒りを覚えるというより、呆然自失、ひいては自分も含めた人間一般に対する不信の念に囚われる。誰を信じるか、それは個人のナラティブモジュールから生まれた一種のアルゴリズムによるだろう。信頼を裏切られるということは、そのアルゴリズムが間違っていたこと、つまりは個人の「個性」とも言うべきナラティブモジュールが否定されることである。その場合、ナラティブモジュールの全体を改変しなければならない。中には、その作業が苦痛で、世界との関わりを断ってしまったり、極端な場合には自らを否定するような行為に及んだりする場合もある。

最近よく、人工知能は人間の知能を超えるか、という論評を見かける。ぼくは、人工知能が持つ情報に時間の変化がなければ、つまり人間が入力した情報しかなければ、人間を超えることはないと考える。人間の創造性は、時間とともに絶えず変わり続けるナラティブモジュールが、やはり変わり続ける世界と触れ合ったときに現れる。時間とともに変わらないストーリーモジュールは、ある時点での言わば常識に沿った答えしか提示できない。創造は常に、常識を逸脱しているからこそ創造なのである。絶え間なく変化し続ける個人のナラティブモジュールと、変化し続ける世界とが触れ合った瞬間、既存のものを超越したなにごとかが現れるのだ。

もし、人工知能に、常時作動している入力装置を付属させ、変わりつつある環境情報に対し、そのつどアルゴリズムを構築し、改造する機能を持たせたなら、ひょっとすると、そこにナラティブモジュールが生まれ、人間とは異なっているものの、意識のようなものが立ち現れるかもしれない。

抽象の意味と無意味

ここから、もうしばらく、人間の意識の成り立ちについて考えてみよう。意識は、それが人間の生存に有効であるから、進化してきた。そして、その意識ゆえに、さまざまな問題が生じている。意識の本質を明らかにすることは、それらの問題を解決する糸口になるかもしれない。

人間の世界認識の基本は抽象だ。言語は抽象だ。抽象ということは、多様な情報の中からある要素を選び出し、簡単な構造として示すことだ。たとえば、狩猟生活をしていた人間が、身ぶり手ぶりで「向こうの草原にマンモスが寝ていたぞ」と伝え始めた段階で、抽象、言語は始まっている。その「会話」がなされる場所にマンモスはいない。しかし、空間と時間を超えてマンモスはいる、いたのである。しかし、この程度の抽象は昆虫でも可能である。ミツバチが仲間に蜜の場所を動作、いわゆる8の字ダンスで教える。抽象のために大きな脳は要らないのだ。

人間独自の抽象は、抽象が現実を離れた場所に虚像を構築し始めたときから始まった。「向こうの草原のマンモス」という現実から、一般的な「マンモス」という動物の概念が独立したときである。「マンモスを倒すには人数が要る」「マンモスの肉は美味い」。ここで「マンモス」は「向こうの草原のマンモス」から離れて、昔、捕らえたマンモス、明日、明後日、出会うかもしれないマンモス、ありとあらゆるマンモスになる。

その段階で、たとえば旧石器時代の洞窟壁画にマンモスなどの動物が描かれるようになったと想像できる。壁画のマンモスにはさわれないし、食べられもしない。しかし、その壁画を描くことで、おそらく現実のマンモスを捕らえる、食べる、そうした行為を期待する、予測する、作戦を立てる、願う、祈る、それらが始まったのではないか。おそらく人間の言語の起源はそこにある。現実から抽象されたイメージ、それらが構築され、現実を伝達し予測するためのシステムとして、より緻密に現実を把握する方向に進化してきた。

そして、人間の特徴はその想像性にある。想像で世界に働きかける。世界の反響を感じて新たな想像をし、世界と関わり続けながら自らを創る。

境界を抽出する

人間の脳、その場のしくみの基本が、抽象を行う機能だ。その抽象の中でも際立った特徴は、場と

図6-1　カニッツァの三角形

場の境界を抽出することである。クレヨンを握って間もない幼児でも、人の絵を描くとき、まずその輪郭を描く。輪郭というのは本来存在しない。輪郭は場と場の境界である。人間はおそらく生得的にその境界を抽出し、描こうとする。これは大変なことだと思う。目の前の顔を絵に描く。その輪郭を描く。しかし、くり返すが輪郭というものはないのだ。顔は立体だ。その立体と目の前の風景全体との境界だけを、線として選んで描くのだ。

　人間は、なにかを見ると、ありもしない輪郭線を描く。図6-1は、一九五五年、イタリアの心理学者、ガエタノ・カニッツァが提案した図形だ。[6]

　いわゆる「目の錯覚」の一つだが、輪郭がない正三角形が見える。これは逆さまになった別の三角形、周囲の三つの欠けた黒い円形から、見る者が三角形の輪郭を描いてしまう例だ。

　カリフォルニア大学サンディエゴ校、スタンフォード大学の心理学者たちは、見ているものの輪郭、それを線で描くということが、人間の認知機能の重要な手段であると述べている。線で描くということは、見たもの、見えるものを、人間の知覚の内面を、外に示す手段である。そして、過去の記憶と今見ているもの、それを比較し、認知する手段でもある。たいていの人は、過去の視覚的記憶を表現しようとするとき、線で絵を描く。見ているものを区別するにも、線で描いた図を用いれば容易であり、他人と視覚情報を共有する場合にも、線画は有効な手段である。言語とは別に、人間の認知機能、コミュニケーションの手段として、線画は重要であると結論している。(7)

単純化された線画は、幾何学的な図形になる。幾何学的な図形を識別する能力も、人間特有のものかもしれない。人間とヒヒで、たとえばさまざまな辺の長さの一一種類の四角形、正方形、長方形、平行四辺形、そのどれでもないものなどの識別を比較した研究がある。その四角形の中から六つを選んで提示する。その中に一つ、異なるものが混じっている。人間（フランス人成人、フランス人幼稚園児、ナミビア北部の先住民ヒンバ族）は、容易に異なるものを選ぶことができた。しかし、ヒヒはエサを使って長期間訓練しても、その識別はできなかった。少なくともヒヒとの比較において、人間は、その近代的教育の水準とは無関係に、幾何学的な図形の識別能力を持つようだ。(8)この研究結果をふまえて、人間の脳には、外部とは離れて独自のシンボル的思考、たとえばコンピュータ言語のようなものを扱える機能があるのではないか、という仮説も提案されている。(9)

境界を作る言語

言語の本質も境界である。境界を作るのが言語の本質だ。目の前にマンモスがいる。目の前のマンモスと言うときに、それはその周囲にある木や、人間あるいはほかの動物とは異なるものであることを示している。つまり、眼の前の風景の中からマンモスの輪郭を描いている。人間の言語の特徴は、さらにその言語の空間の中だけで成立する抽象性があることだ。前に述べたように、単なるマンモスと言うことで、目の前にいるマンモスだけではなく、さまざまな場所にいるマンモス、あるいは実在しないマンモスまでも表現する。つまり、抽象的な空間における象徴的な存在の輪郭を指し示しているのだ。

たとえば犬についても考えてみよう。猫でも狐でも狸でもない犬である。さまざまな大きさや形の種類の犬がいる。犬というものがなんであるか、猫でも狐でも狸でもない犬、その概念を持つためには、猫や狸や狐のような、犬ではない動物についての知識がなければいけない。犬という概念が確立されるためには、それ以外の動物についての意識がなければいけない。犬という概念を確立するための脳のしくみは、さまざまな動物を見た結果、犬ではないさまざまな動物と犬に属する動物とを区別する、その境界を描くシステムである。その境界を描くというプロセスには言語は必要ない。言葉を覚え始めた幼児でも、犬という概念を持ちうる。犬という概念を作る際に必要なのは、言語によるさまざまな犬の定義、たとえば哺乳類であるとか四つ足で歩くとかいう情報だけではない。多様な動物に関する膨大な、主として視覚的情報が必要になる。視覚に障害がある人にとっては、その手ざわりや鳴き声、おそらくはにおいなどについての、やはり膨大な情報が必要であろう。

しかしながら、たとえば犬というものを識別するに至った幼児と大人との間で、犬という概念に相当する動物について意識を共有する場合には、言語が必要になる。まず、外部からの情報、たとえばさまざまな動物についての情報に対し、それを大きな織物のように構築し、その中に「犬」を区別する境界を作る脳の動作がある。そこで確立された境界、区分、それについて他人との間で共有する際には、言語が必要になる。言語は世界を認識するためには必要ない。世界の中で特定のものを境界で区別する際には言葉はいらない。少なくとも個人にとっては必要ない。しかしながらその世界認識を他者と共有する場合には、どうしても言語が必要になる。

抽象化とシミュレーション

眼の前にあるなにかを認識すること、それには言語は必要がないのかもしれない。一四歳の頃から頭痛と嘔吐に悩まされていた三四歳の男性が、ロンドンの国立病院にいた。眼が見えなくなってきている傾向もあったので、その患者の脳の血管造影を行った結果、右後頭部に血管の先天的異常が発見された。そこで、この部分の切除手術を行った。その結果、頭痛は軽くなり、視野の右側にだけ視覚が残っていることが確認された。奇妙なのはそれからだ。見えないとその患者が主張する視野の左側に、水平線、垂直線、さまざまな角度の斜線、黒地に白、白地に白、またはXとOを提示し、「それはなにか」と問うと、患者自身は推量で答えたのだが、それが実際のパターンと一致していた。その実験の様子を録画し、患者に見せたところ、本人も驚き、「いや、なにも見えていなかったのです」と言ったそうだ。[10] 眼がなにかを見て、それがなにか判断すること。それは言語になる前に成立しているようだ。おそらくぼくたちも、日常、眼でなにかを見ながら判断し、行動しているわけだが、それらすべてが言語化されているとは限らない。

言語は、最初は他人とのコミュニケーションのために成立したと考えられるが、その後、人間はひとりで言語を使って思考する、言い換えればシミュレーションするという作業を始めた。そこで行われたシミュレーションの結果を外部環境と照らし合わせ、それが正しいことかどうかを確認する、そのくり返しで、人間はその言語というものを、世界を表象し、解析するための道具として進化させてきた。驚くべきことは、その抽象的な概念、抽象的な場の中で、現実の時間、空間から離れて一種のシミュレーションができ、それが、現実世界でも役に立つ予言ができることだ。

その中で、最も際立っているのは数学だ。おそらく最も洗練された、言い換えれば誰にでも共有しうるように工夫された抽象は、数学である。1＋1＝2。ここで1はリンゴでも星でもかまわない。一つのリンゴの隣にもう一つのリンゴがあれば、二つのリンゴである。そこではリンゴという現実の物体、重さや色や香りや味があるもの、それらが言わば無視されて、「一つ」＝1という記号にされている。この徹底的な抽象化によって、逆に現実世界を記述し、予見することが可能になった。ニュートン力学では、リンゴと地球を同じ一つの存在だと極端に抽象化して万有引力の定義を見出せたし、地球上の高い場所から離れた物体が、その後の時間変化の中で占める場所を予見できるようになった。数学の特異な機能は、その徹底した抽象に基づく。

数学は特異な発展を示した。非常に抽象度が高い情報をもとにシミュレーションを行い、それを外部世界と照合することによって、より世界の、宇宙の本質に近い議論ができる道具として発展させてきた。数学的情報は抽象度が高いために、さまざまな言語の違いを超えて共有でき、多くの数学者あるいは自然科学者がその向上に加わり、その精度は非常に高いものになってきた。そして、ついには人間は、目に見えない素粒子の世界や宇宙の起源についても議論できるに至った。これは有史以来の人類の長期にわたるシミュレーションと、その照合の結果によるものであり、さらには世界、宇宙のしくみの本質が境界的因子に基づく抽象的なシステムであることに由来すると考えられる。このことについては後でまた述べる。

数学的なシミュレーションを続けることによって、人間が生まれ持つ感覚機能を超えた世界、宇宙のしくみや素粒子の性質を予言することができたのは、宇宙の成り立ちが、さまざまな場が接する境界のふるまいに由来するからだと考えられる。境界を抽出する能力を持った人間であるからこそ、生得的な感覚を超えた世界や未来を予見することが可能になったのだろう。しかし、言語というものは抽象化プロセスの一つの表れであって、個人の創造、あるいは科学的な発見も、言語に先立って存在すると考えられる。

言語と創造

数学的な方法が世界を把握するのに有効であることを知ったために、人間は高慢になった。数学は、そして言語というものは、人間の脳の機能のごく一部にすぎないのであるが、人間は言語で世界を把握できると考え始めた。言語で語る意識が、あるいは意識だけが世界を把握できると思い上がり始めたのである。

数式などの記号を含む言語は、人間が世代を越えて共有できる情報であり、そのシステムの進化は、遺伝子による進化とは比較にならないほど速い。言語は明らかに人間の繁栄をもたらしたが、創造の起点においては、非言語的と言うべき脳の機能が重大な役割を果たしている。創造する人は、たとえ科学者であっても、創造の瞬間には言語を離れている。物理学者が新しい原理を発見する際、その瞬間においては、言語は必要がないらしい。たとえばアインシュタインがそうだった。以下、彼のコメントだ。「私の考え方の機構の中では、書かれあるいは語られた形での言葉というものは、何の役もしていないようである。私の考え方の機構は、多少ともはっきりした目でみえる像、また、あるものは筋肉を使う型のものによっている(11)」。しかしながらその発見を他者と共有する際には、たとえば数式などの言語情報が必要になる。

言語による情報の蓄積から、創造するために飛躍するとき、創造者は言語から離れなければならない。なぜなら言語情報はすべて既存のものであり、創造は既存のものではないからである。創造については後で詳しく考えるが、前に述べたナラティブモジュールが、人間の創造の基本だと思う。創造したなにごとか、それを他者に伝える際に必要なのが、数式などの言語、ストーリーモジュールだろう。作曲家が楽譜を書く、あるいはピアノなどで演奏する、それもストーリーモジュールだ。音楽モジュールと言ってもいい。あるいは画家や彫刻家にも、イメージを表現するためにキャンバスや絵具、粘土や石を使って形にしてゆく方法、技術が必要で、美術モジュールとでも名づけようか。そして詩や小説では、言語を使って言語で表現できないイメージを描く。文学モジュールと呼ぼうか。

言語は人間の脳の機能、その一部を表象するものであるから、それを研究すること、論じることによって、人間の脳の機能が、潜在的な現象も含めて、明らかになることは多いであろう。しかしながら、特に創造というできごとを論じる場合には、言語的解析では到達できない現象がある。少なくとも、言語の限界について、つまりは意識の限界を、心に留めておく必要がある。それが人間の高慢を防ぐ。

次章では、その言語の成り立ちから、その本質的なあいまいさについて考えてみる。

第7章　言語の場

言語が生まれる前

人類の言語がいつ確立されたのかはわからない。文字なら、古代遺跡など、考古学的証拠として手がかりが残っているかもしれない。しかし、インカ帝国のように文字を持たない文明も存在した。だからぼくは、話し言葉としての言語がまず出現したと考えている。おそらくそれは五万年前頃かと考えられる。以下、これまでに報告されている有史以前の人類、その祖先の言語、あるいは意識の表現を意味するような発見を眺めてみよう。

人間の意識が、ある抽象概念であるとすると、人類の祖先による最古の抽象画のようなものは、インドネシアのジャワ島で発見された淡水棲二枚貝の殻に刻まれたパターンだ（図7-1）。四三～五四万年前のものだとされている。現生人類誕生以前のものだ。左右に小さな穴がある。さらに線刻のよ

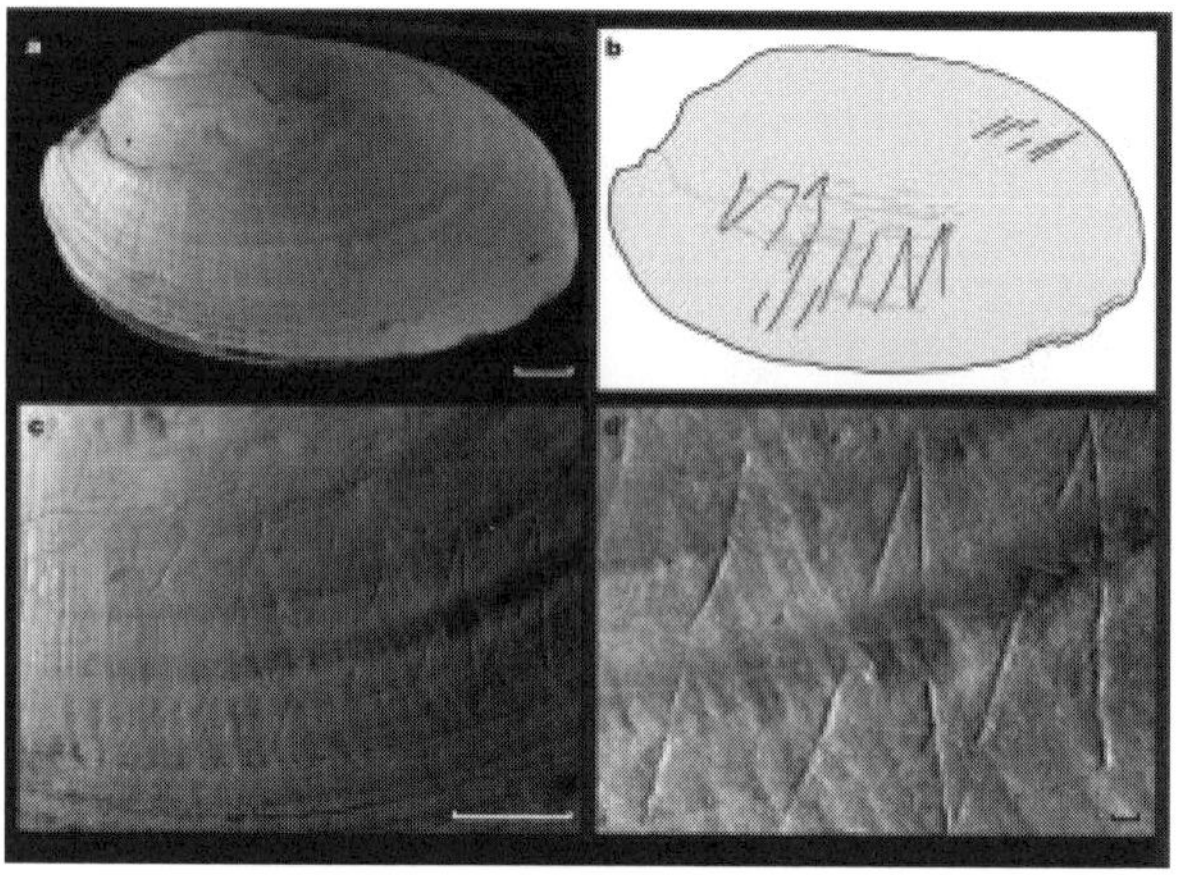

図 7-1　二枚貝の殻に刻まれたパターン[1]

うなものもある。写真を見ると、たしかに幾何学的な線描に見えないこともない。一センチをちょっと超える大きさのアルファベットのMのような部分がある。論文の著者たちは、アジアのホモ・エレクトスの認知、運動制御の脳の領域に抽象的なイメージのパターンがあったとしている[1]。しかし、以下、ぼくの主観だが、これはなにかの意図があり、意識して描かれたものなのか、気まぐれに貝殻の上をひっかいただけのものなのか、よくわからない。同じようなものが多く発見されたのなら、意識的な作業の結果と言えそうなのだが。

少し新しいところでは、チベットの高原で温泉から湧出した石灰質の沈殿物、そこに手形、足形が残っている。一六万九千〜二二万六千年前のものだ。明らかに人類、あるいはその祖先の痕跡だ[2]。また、手形、手を岩壁に置いて、その周りに顔料を吹き付けたものは、ずっと後の時代の遺跡として、緻密な洞窟壁画とともに、ヨーロッパや南アジアで発見されている。この岩の手形もそれを想起させるが、少し気になるのは、手形、足形が重なり合っていることで、泥土の上を這いまわった跡のようにも見える。論文の著者たちはアリストテレスやカントまで持ち出して、これこそ原初の芸術だ、と主張しているのだが、それを意図的な営為である、まして芸術的行為であると認めるのには、ぼくは躊躇する。

南アフリカのブロンボス（Blombos）洞窟からは、七〜一〇万年前の線刻や、石の上に赤い顔料で描かれた線画とでもいうようなものが多く発見されている。(3) これは、その数が多く、かつ、赤い顔料で線を描く、という作業が行われたことはたしかで、なにかの意図があってなされた人間の行為の結果だろうと思われる。

さて、この時期にいた人類としては、ネアンデルタール人（ホモ・ネアンデルターレンシス）と現生人類（ホモ・サピエンス）がいる。デニソワ人という人類もいたようだ。インドネシア、フローレス島に小柄な人類ホモ・フローレンシスもいたようだが、今のところ、高度な文化、技術を持っていたという証拠は見つかっていないので、以下、ネアンデルタール人と現生人類について述べたい。

ネアンデルタール人の「作品」

ネアンデルタール人のゲノム解析は二〇二二年、ノーベル生理学・医学賞の対象になった。そしてその知能、文化については、実にさまざまな研究がなされ、さまざまな見解がある。ざっくり言えばネアンデルタール人にも高度な知性、技術、そして言語があったという説、あるいは、そんなに大したことはなかったという説だ。『歌うネアンデルタール』[4]という本まで出したスティーブン・ミズンなどは前者の代表だろう。おかげで次々と発見があり、論文が刊行されている。まずはネアンデルタール人の「作品」を見てみよう。

スペインの洞窟で、古いものでは六万五五〇〇年以上前に赤い顔料を使った痕跡が認められている。その顔料の元素組成の分析も行われていて、顔料が人工的なものであることも確認された。さらに、それが千以上の箇所で発見され、かつ数千年ほどの間、くり返しなにかを描いた可能性があり、その時代に現生人類はスペインには到達していなかったことから、論文の著者らは、それらがネアンデルタール人の象徴的な営為の痕跡だとしている。[5]以下、ぼくの感想だが、論文に掲載されている写真、本文を見る限り、岩肌に誰かが（多分ネアンデルタール人が）赤や黄土色の顔料を塗りつけたのはたしかなようだが、なにかのパターンがあるようには見えない。

現生人類がまだ北部ヨーロッパに到達していなかったと考えられている五万一千年前、ドイツの洞窟で発見された幅四センチ、高さ六センチほどの鹿の指の骨、そこに「彫刻」があるという。山型の線刻で、五つある線の交差角が九二・三〜一〇〇・五度の間に収まっていて、計画的に同じ角度になるよう刻まれたように見える。論文の著者らは、ネアンデルタール人が象徴的な意味を認識する能力があった証拠だとしている。[6]以下、ぼくの印象だが、たとえば、骨をやすりにしてなにかを研ぐような作業をしても、同じような「線刻」になるのではないか、とも感じる。同じような「線刻」が何十個も出てきたのなら象徴的な意図があったと考えるべきだろうが、論文に掲載されている写真は一つの骨だ。やすりとして使用したにせよ、規則正しく効率的に使っていたように思え、それは、ある程度高いレベルの計画性の表れかもしれないが、言語的象徴には遠い気がする。

もう一つ、フランス、中央よりやや北西、トゥールの近くの洞窟で、ネアンデルタール人の「彫刻」が発見されたという報告がある。(7) 年代は五万四千〜六万年前。論文に掲載された写真では、たしかに人間が指でなぞったような跡があるが、これがなにか明瞭な意図をもってなされたのかどうか、ぼくにはわからない。

ホモ・サピエンスの作品

さて、特にヨーロッパでの数万年前の遺跡をネアンデルタール人が作ったか、現生人類のものかは、現生人類がいつ、どのあたりまで進出していたかで判断されることが多い。その現生人類がヨーロッパに進出した時期については、近年、新しい見解が発表された。フランス南部のマンドリン（Mandrin）洞窟で発見された化石、特に歯の化石の形状の分析から、それが現生人類のものであること、五万一七〇〇〜五万六八〇〇年前のものであると結論づけた。(8) つまり、これまで考えられていたより早いその時期に、現生人類は少なくともフランス南部にまで進出していたことになる。前述の洞窟の「ネアンデルタール人の彫刻」と時代が重なる。

さらに同じグループの研究者たちが、この洞窟で発見された五万四千年前の大量の石器、矢尻の摩耗や欠損の状態を精査に検討し、それらが機械的に発射されるものとして作成されたと結論づけた。つまり、弓矢という複雑な構造、機能のために精密に設計されたものだという。[9] たしかに、その矢尻の拡大写真を見ると、その整形には細かな作業の跡が感じられ、手先が不器用なぼくには到底作れそうにない。時間をかけて習得された技術を持った人間だけにできることだと思う。このような技術を伝授するには身ぶり手ぶりでは難しく、「そこのところ、もっと細かく、もっと丁寧に」といった指示が必要だったのではないかと想像される。

また、インドネシアのスラウェシ島の洞窟では、これは堂々たる絵画だと言えるイノシシのような動物——論文では Sulawesi warty pig（*Sus celebensis*）と記載されているもの——の壁画が見つかっている。年代は少なくとも四万三九〇〇年前。毛並みや足先まで写実的な描写がなされている。近くに人間の手形も残っている。[10]

さらに最近、やはりスラウェシ島で発見されたイノシシかシカを狩っているような壁画が五万一二〇〇年前のものであることが報告されている。[11] この時期には現生人類はインドネシアからニューギニア、オーストラリアに広がっていたと考えられ、[12] この壁画も現生人類の作品であろう。少し時代が下った四万二千年前頃から、ヨーロッパ各地、ラスコー、ショーヴェ、アルタミラなどで有名な洞窟壁画が多く発見されている。それらに象徴的な文字、カレンダーが認められるとイギリスの研究者たちが主張し始めたが、[13] さっそく、その解釈は間違っているという反論もなされた。[14] たしかに「文字」とまで見えるかどうか、ぼくも疑問に思う。

しかしながら、以上のここ数年の発見、論文を見る限り、およそ五万年前の、ネアンデルタール人による線刻、絵画と呼ばれるものと、現生人類の営為だと考えられているものとの間には、劇的な違いを感じる。それぞれの年代測定、人種の同定に間違いがなければ、ネアンデルタール人と現生人類との間の「象徴的意識」には大きな差があると考える。

ネアンデルタール人とホモ・サピエンスの遺伝子の違い

考古学的な研究は、洞窟や土の中から思いもよらぬものが出てくると、それまでの常識が簡単に覆ってしまう。その点、分子生物学的な検証は別の角度から光を当てる。前述のようにネアンデルタール人のゲノム解析がよい例で、二〇年ほど前まではネアンデルタール人と現生人類との間に交渉はなかったと言われていた記憶があるが、今や、ネアンデルタール人と現生人類の間に子孫が生まれ、その遺伝子が現代にまで引き継がれていることが常識になっている。

ネアンデルタール人と現生人類の「創造性」についても、ゲノム解析の立場から論じた報告がある(15)。正直なところ、人間の創造性がある遺伝子配列だけで議論できるのかどうか、甚だ疑問であるが、人類の創造性、象徴的能力、言語の獲得、それらが生まれたタイミングについてのヒントにはなるかと思うので紹介しよう。現生人類の人格に関連する九七二の遺伝子について、ネアンデルタール人、チンパンジーの遺伝子と比較した。その結果、この三種に共通して存在する遺伝子が五〇九、現生人類にのみ存在する遺伝子が二六七、ネアンデルタール人にはあるがチンパンジーにはない遺伝子が一四八あった。この中で自制心と自己認識に関わる遺伝子の割合では、ネアンデルタール人は現生人類とチンパンジーの中間だと評価されている。

ゲノム解析によるネアンデルタール人と現生人類の創造性の比較については、これからもさまざまな角度からの研究がなされると思うが、前述のいくつかの考古学的な研究報告、そしてなにより五万年前、現生人類と交渉があったネアンデルタール人がその後、滅亡していることから、現生人類は、その生存において、ネアンデルタール人を凌駕するなにかの能力を持っていたことはたしかなようで、それは象徴性を持った言語だったろうと、ぼくは想像する。

音声言語の起源

口とのどによる音声言語の起源は、身ぶり手ぶりの身体言語だったと想像できる。最初は、単純に「大きい」と表現したときは、両手で大きな形を描く。「小さい」ときには指先で表現する。「遠い」と表現したいときには、手をぐんと伸ばし、遠くを描く、そんなことをやっていたのだろう。身ぶり手ぶりの「言語」の情報量は多い。たとえば手話を考えてみよう。手話には、アイウエオを示す指による表現もあるが、「食べる」という日本の手話の表現では、落語でソバをすするときのように、お椀を左手に持って右手の指を箸に見立てる動作をする。言わば「表意文字」だ。手話で会話する人を見ていると、かなりの速度でコミュニケーションが進んでいることがわかる。

その身ぶり手ぶりの言語、その運動が、やがて口の動きになって、音声言語になったのではないかと考えられる。今世紀の初め、イタリア、パルマの研究者が、被験者に、書かれた文字を発音しながら右手でものをつかむように指示した。そして、その際の口の開け方を調べた。その結果、そのものの大きさと、口を開ける大きさとに相関があると報告している。大きなものをつかもうとするとき、口も大きく開く。言われてみれば、たしかにそんなような気もする。(16)

一方で、しばらく前、リヨンとストックホルムの研究者たちは、脳の中で言語を司る領域と、細かい手作業をする際、関わる領域が重なっていることを示唆している。(17)手の動き、口の動きには、どうやらつながりがあるらしい。

さらにロンドンの研究者たちの次のような報告もある。手の動き、舌の動きに関わる大脳左半球の領域は重なっている。そこで、四歳の子どもの手の動きと舌を突き出す動作を観察した結果、そこに相関が認められ、さらには右に舌を突き出す率が高かった。そこから彼らは、人間のコミュニケーションシステムが手から舌へと移行したと結論づけている。(18)身ぶり手ぶりの身体言語が、口と咽喉との言語になってきたという仮説は、それほど無理なものでもなさそうだ。

人間が現在の口とのどによって話す言語を持つにあたって、その解剖学的構造を言わば退化させた、という報告がある。喉頭、俗にのどぼとけ、と呼ばれている場所がある。ものを飲み込むとき、気管に入らないようにする。声を出す声帯もここにある。この人間の喉頭の構造を、人間以外のサル、霊長類と比べてみると、霊長類にはある気嚢と呼ばれる部分が人間ではなくなっている。その影響を数理モデルを作って検証したところ、その変化によって、人間は安定した倍音を含む発声ができるようになったという[19]。倍音とは、基本の音の周波数の、整数倍の音のことで、それが多く含まれる音は、はっきりした音として耳で感知される。人類は、その進化の過程で、明瞭な音声を発するために、喉頭の構造をむしろ簡単なものに作り替えたようだ。

ジェスチャーから言語へ

「言語」以前の単語、ものや動植物の名前、大きさ、距離などを表現する形容詞、それらは手の動きのジェスチャーから口の動きになって成立したとぼくは考えている。以前にも書いたが、再び、新しい知見も加えながら書いてみよう。

ドイツに生まれた哲学者、エルンスト・カッシーラーは、さまざまな言語で、母音a、o、uは距離が大きいこと、母音e、iは距離が小さいことを表示していると指摘している。そして子音ではd、t、k、g、b、pが遠方を示す場合が多く、m、nが近傍を示していると主張している[20]。

前述の考古学者、ミズンは、デンマークの言語学者、オットー・イェスペルセンの「音共感」の説を紹介している。「イ」音は小さいもの、「ウ、オ、ア」音は大きいものと結びつきやすい。そして、

「イ」音は舌を前上方に押し出し、「ウ、オ、ア」音は舌を下げ、口腔を広くして発音する、という[4]。母音についてはカッシーラーとイェスペルセンの見解は一致している。

以下は、イェスペルセンの説を読んで、ぼくが想像したことだ。舌と口腔だけではなく、唇と息の運動がそれらの傾向に関与しているのではないか。a、o、uを発音するとき、唇は丸い形になり、息は前方に向かって吐き出される。一方、e、iを発音する際、唇は平たくなり、息はa、o、uの場合に比べると、それほど前方には吐き出されない。また、d、t、k、g、b、pを発音するとき、息は遠方に向かう傾向があるのに対し、m、nの場合は唇が閉ざされ気味で、息は遠くに行かない。言わば口ごもるような音だと思える。日本語の場合もカッシーラーの指摘はあてはまる。「遠い」は息が前方に吐き出され、「近い」はそうではない。英語の「遠い：far」「近い：near」にもあてはまるように思う。さらに空想を続けると、原初の人間が他人とのコミュニケーションの道具として言語を造り出そうとした初期、遠方を示す言語として、息が遠くに行く音を選び、近くを示す際には、息が遠くに行かない音を選んだのではないだろうか。

ものの大きさを表現する言語も、口の形とつながりがあるように思う。「大きい」は日本語では口を開けて発音し、「小さい」は前歯をくっつけ、口の開きも狭い。日本語だけで仮説を展開するのは無理なので、図書館で世界各国の言語を調べてみた。「大きい」は英語で big、large、中国語で da、ラテン語で magnus、アラビア語で kabir。「小さい」は英語で small、中国語で xiao、ラテン語で parvus、アラビア語で saghir だった。やはり、それぞれの言語で「大きい」は口を開ける、「小さい」

は口をすぼめる傾向があるように感じませんか？

象徴としての言語

そうやって、なにかの大きさを示す名詞、形容詞、距離を示す形容詞ができたとする。さて、そこから「言語」はどのように発達してきたのだろうか。

前述のミズン(4)、鳥の研究者の細川博昭(21)、動物行動学者の岡ノ谷一夫(22)らは、そろって鳥のさえずりが、言語、あるいは音楽の起源だと主張している。ぼくは、その考えを否定はしないが、ぼくがここで論じようとする言語は、名詞や形容詞、動詞などが並んだものだけではなく、その言語の中で、ある象徴が存在する、浮かび上がる、そしてその象徴だけが実際の事象から離れた意味の空間、体系をもたらすもの、そのような機構だ。ミズンは、初期ヒト科のコミュニケーション能力を、全体的（holistic）、多様的（multi-modal）、操作的（manipulative）、音楽的（musical）なものとして、「Hmmmm」と定義している(4)。そして、たとえばネアンデルタール人もこれを持っていたとしている。ぼくが以降、言語と言うのは、これではない。言語学の祖と言うべき、フェルディナン・ド・ソシュールが次のように語ったものだ。「思想に向かい合っての言語独特の役割は、観念を表現するために資料的な音声手段をつくりだすことではなくて、思想と音との仲を取り持つことである(23)」。

言語は象徴だ。だから最初の言語は、なにごとかの象徴だったと思う。数万年前から洞窟壁画が現れるようになった。それは、言わば象形文字、象形言語と言うべきものの元型だったのではないか。象形文字は現代でも活躍している。道路標識やピクトグラムを思い出してほしい。一目見て内容がわかる。多くの場合、言語が違っていてもわかる。ベルリンでも東京でも信号が赤なら止まる。緑なら進んでよし。一方で、表音文字にもさまざまなものがある。アルファベット、ハングル、点字などがそうだ。表音文字は表意文字より伝達しやすい。たとえばモールス信号は、二種類の記号だけでアルファベットを表現している。だから、光の点滅でも音でもテープの上の長短二種の点でも伝達できる。

表意文字、表音文字、さまざまなものがあるが、たとえば漢字を使う中国系の人でもアルファベットを使う人でも手話の人でも点字の人でも、高度に論理的な記述や抒情的な表現ができるので、使う文字の違いは、それほど大きな影響を人間の基本的な知的活動に及ぼさないのかもしれない。一方で、言語の体系は、それを使う場合の情動、気分にも影響するような気がする。

ぼくは英語が苦手だ。高校時代は進路指導の先生に、「英語に関しては国公立大学はムリ」という烙印を押されていた。その十数年後、アメリカに留学して、ちゃんと生きて帰ってきたが、未だに英語の能力は低い。中学生レベルの英単語の綴りも怪しいのだ。ところが、講演するとき、日本語より英語のときのほうが、リラックスしている気がする。日本語で講演するときは、まず冗談は出てこない。ところが英語のときは、通じているかどうかはわからないが、ジョークが自然に出てくる。内外の学会でよく出会う研究者にも、「デンダさんは日本で講演するときは気難しい顔をしてますが、海外だと楽しそうですね」と言われたことがある。その理由はよくわからないが、多分、日本語と英語の表現、特に人称や敬語、謙譲語のバリエーションが日本語では多様で、英語では比較的、簡単だからではないかと想像する。英語では、相手が大統領だろうが著名な学者だろうが子どもだろうが、I & You だ。ところが日本語では、わたくし、わたし、ぼく、おれ……であり、あなた、きみ、あんた……である。敬語、謙譲語も日本語ではやっかいだ。だから、自分では意識していないが、日本語で講演するときは、それなりに自分の立場、状況を考えて気を遣っているのではないか。英語の場合、そもそもぼくの場合、語彙も少ないし凝った表現もできないから、すぐ思いつく簡単な表現でしゃべるしかない。それゆえに気楽なのではなかろうか。

日本は礼儀にうるさい国だ。留学中、アメリカ人、ドイツ人、フランス人の友人たちに、「日本ではお辞儀の仕方、その角度が自分と相手の立場の違いによって変わる。同等だと軽く頭を下げる。相手が偉いと深く頭を下げる。もっと偉い人の場合、最敬礼と言って、腰と胸の角度が九〇度になる」とまじめに説明したら驚かれた。ドイツから来ていた友人は、「じゃあ、すごく偉い人の前では床に這いつくばるんだね」と言った。そう、それは土下座と言う。言語の体系は、その言語を使う人たちの価値観、それも象徴的な社会観と言うべきものとつながっているのかもしれない。やっかいな日本だが、そういう身体的な「象徴」があるので、たとえば能楽では、わずかな動きで感情表現が可能だ。

言語は、その体系の違いすら、使う人の情動に影響するようだ。それを証明する論文を探してみた。英語とヒンディー語のバイリンガルの人に、さまざまな表情の写真を見せる。そして、その表情が現す感情を、英語とヒンディー語で表現しながら、その程度も評価させる。すると、怒り (anger)、怖れ（fear）、悲しみ（sadness）という語について、ヒンディー語よりも英語で表現したほうが、より強く、その感情を評価した。つまり、たとえば怒っている人の顔を見る。その人が怒っている、と英語で考えたほうが、ヒンディー語で考えた場合に比べて、より「激しく」怒っていると感じるのだ(24)。この実験を日本語と英語で実施した例があったら、ぜひ知りたいと思う。

言語はまた、その地域の気候の影響も受けるようだ。中国とドイツの研究者たちが、全世界、五二九三の言語の基本的な語彙を解析し、その響きの大きさが地域の気温と相関する——寒い地域では響きが低く、暑い地域では高い——という傾向を見出している(25)。

人間は、人間どうしの情報のやりとりのために言語を発明し、発達させてきたが、それは日常生活で想像する以上に、人間の心に作用しているようだ。さまざまな言語がある。それぞれの言語が「場」であり、人間の感情は、その「場」の影響も受けるらしいと考える。言語はそれを使う人々の歴史や文化を背負っているので、その表現がそれらの影響を受けるのは当然だ。ここで言いたいのは、そうやって形成された言語が、その言葉を母国語としない人にも影響するということだ。

言葉の予言性

身体表現の一つである言語は、個を超えて共有できる現象になる。これまで述べた内界と境界について言えば、人間社会の場合、境界が環境から、世界から知りえたことを、内界と共有する道具が言語である。そして言語、論理は、因果律を支える機能を持つ。そのために発達してきた。それは、ある程度の予言性を持つ。

たとえば、ぼくは、序章で述べたように、表皮の数理モデルを作り、言わばコンピュータの中に表皮を構築するというプロジェクトに関わったことがある。その際、そのコンピュータの中の表皮、その底面をデコボコにするという実験をコンピュータの中で行った。すると、コンピュータ表皮は分厚くなった。そこで、実際の培養表皮で、その培養器の底をデコボコにしたら、やはり表皮は分厚くなった[26]。数学的論理にはたしかに予言性がある。正確に言えば、予言というより、未知の生命現象を示唆する潜在的能力とでも言うべき機能がある。そのプロセスには個の脳は関係していない。

このできごとは、ぼくには衝撃的だった。数学という論理システム、そこにそれだけの潜在力、予言力があるとは、正直なところ思っていなかったのである。このとき、論理や言語について、もっと深く考えるべきだと思った。

ノーム・チョムスキーが提唱した生得的言語能力の本質は、人間の脳の中にある「場」である。物質的な存在ではなく、脳内のネットワークによる現象、モジュールとも言える。その場に外的刺激――それは話し言葉や文字である――がもたらされると、その刺激によって文法や言語が立ち現れる。それは与えられた刺激によって異なってくる。しかし、そこに立ち現れる言語には、一定の規則性がある。さまざまな言語があるが、人間の言語においては、ある規則性、制約があるように思われる。それゆえに人間は、たとえば、ロゼッタストーンのようなヒントがある場合、古代言語を解読することができる。

生得的言語能力の研究が進まないのは、それを脳の物質的な因子に結びつけようとするからだと思う。生得的言語能力は現象なのである。これも、言わば場という現象なのである。ラジオのモジュールの本質が、個々の部品の性質ではなく、その回路、情報の流れであるように。

生得的言語能力にはそれを土台にした抽象的シミュレーションを可能にする機能も含まれる。すなわち、人間は言語を用いてシミュレーションを行い、既知の情報から未来を予見することが可能になったのだ。それを可能にするのは場なのである。第6章で述べたナラティブモジュールを使って説明すれば、ナラティブモジュールを作るのが、その場であり、そこで生じたなにごとかをストーリーモジュールが言語にする。

そう考えると、言語、数学的論理に予言性があることも理解できる。それを担う脳は、直接、世界と接してはいないのだが、そこにある場が、間接的な情報であったにせよ、世界と相互作用をくり返してきた結果、思いもよらない予言性を有するようになったと考えれば、少し安心できる。特に数学的論理は、実験科学と同様、仮説と検証、その結果をもとにした新たな検証をくり返してきた。その結果、完全からはほど遠いが、ある程度、世界のモデルになりうるシステムとして機能するようになったのではないだろうか。これはすごいことだと思う。

言語が歪める時空間

人間は言語によって大きな力を得たが、一方で、言語が人間の知覚——見るもの、感じること——を歪めている場合があるようだ。

ミントと柑橘系の香料成分四種を被験者に嗅がせる。その際に、「レモン」などというにおい物質に関連する単語を見せる。同時に、嗅覚受容に対応する脳の梨状皮質という場所の応答も、MRIという解析技術で観測する。その後、被験者は、「無臭、弱い、中ぐらい、強い」というにおいの強度を報告する。そこで嗅がせたにおいと同じ単語を提示した場合と異なる単語を提示した場合について、それぞれのにおいとの違いを強度で示させた結果、後者、嗅がせたにおいと単語が異なっていたほうがにおいの違いをより強く感じていた。また、同じにおいであっても、付記された単語が違うと、梨状皮質の応答部位が異なることが確認された。つまり、脳でにおいを知覚する場所にさえ、言葉は影響を及ぼしたのだ[27]。

医療におけるプラセボ効果は、「これは効きます」と言われただけで、人間の身体の生理状態——それは免疫系、内分泌系などさまざまなシステムなのだが——のシステムが作動し、疾患などからの回復を早めるというものだ。このプラセボについての報告は膨大にあり、今やその効果を疑う医学者はいないだろう。

さらには、ある種の傷の治る速度が、当人の時間の意識の影響を受けるという報告もある。鍼灸院で使われる、真空にしたカップを皮膚に貼りつける施術がある。その痕はしばらく充血して赤くなる。それが治まる時間と、被験者の時間意識を比較した実験だ。実際には施術後、すべての被験者について二八分間、経過を観察したのだが、被験者には二八分間が一四分間に見える時計、五六分間に見える時計を見せた。すると、五六分間かかったと認識した被験者の回復が、一四分間だと認識していた被験者より早かったのだ。あきれたことに、充血からの回復までが、時間という一種の言語情報、その影響を受けるらしいのだ。「長い時間が経ったなあ」と意識すると、傷の治りが実際に早くなるのだ(28)。

言語を発達させてきた人間だが、今やその言語情報が、知覚や身体の代謝にまで大きな影響を及ぼすようになっている。人間という生物は、自ら生み出した言語による時空に囚われていると言える。

言語による偽りの場

そういうわけで、論理、言語は世界を浮かび上がらせる潜在力を有するが、偽りの世界、個の真摯な働きかけを停止させる粗雑なフィクションも作る。多くの個の働きかけがそのフィクションに囚われると、そのフィクションが持つ力は強くなる。疲労した肉体は、粗雑なフィクションに働きかけを委ねてしまう。それは、疑うこと、仮説と検証をくり返すことを放棄した個や社会に起きることだと思う。

一人の人間は、さほど悪ではない。悪にはなれない。ぼくはそう信じている。近年の研究は、人間が生まれつき、他者と協力する、譲り合う性質を持っていることを示している。通常、人間は、なんの恨みもない他者に危害を加えることに躊躇する。これは人類が進化の過程で確立してきた本能、モジュールだと思う。そうでなければ人類は集団生活を営めなかっただろう。

五万年ほど前、ネアンデルタール人との間に現生人類は子どもを作っている。その子どもは、現生人類の集団の中で育てられ、子孫を残したようだ。なぜネアンデルタール人が滅び、現生人類が生き残ったのか、その理由はわからない。ただ、現生人類の集団が、より強い結束力、相互を信頼する心を持っていたことは間違いないと思う。ネアンデルタール人の化石はヨーロッパ周辺でしか発見されていないが、現生人類の集団は、オーストラリア、アジア、おそらくベーリング海峡を経て南北アメリカ大陸にまで広がったからだ。

そのように、本来、相互の信頼関係を維持する性質があった人類が、簡単に狂ってしまう場合がある。それは言葉によって作られた場のためだ。有史以前から、人類は殺し合いを行っていただろうとは思う。しかしその規模は小さかったのではないか。

旧石器時代から宗教的な営みがあった形跡は、世界各地にある。かつて人類は、人智を超える存在を、神を信じ、自らの平安のために、それに供物を捧げたり、自らの行動に制約を施したりしていた。ジュリアン・ジェインズによれば、聖書や神話など、古い起源を持つ文献を調べてみると、およそ三千年前まで、人類に自己意志はなかった。それまでの歴史では、人間の意識にささやきかけるものは神の言葉だと考えられていたという。[29] この時期は、カール・ヤスパースが「枢軸時代」と呼んだ時期と重なる。紀元前五百年ごろから、釈迦や孔子、ギリシャの詩人や哲学者、聖書の予言者など、人類の運命を語る人間が世界各地に現れた。おそらく、この時代から、人間は自身の運命について、自身で考え始めたのである。

デヴィッド・グレーバーは、『負債論』[30] の中で、この時期、中国の黄河流域、インド北部、エーゲ海沿岸部で鋳造貨幣が発明されたと指摘している。そして、それは人間の間での「信頼」とでも言うべき無形のなにごとか、それを貨幣という数量として換算できるものに変えた、その起源だと指摘している。これは重要な視点だと思う。自身の運命について神に頼らず、自身で考える、なすべきことを模索する。それは人間個人の意識を既存の価値観から解放するきっかけであったろうが、一方で、言語化できない、言語で簡単に解釈すべきでない人間関係ですら、数値、ひいては金銭で評価しうる、金銭であがなえるという虚構につながるからだ。

個人の意識の確立は、荒唐無稽な宗教的儀式などから人間を解放し、より合理的な教条を持つ世界的な宗教や、自然科学的な思想をもたらしただろう。しかしながら、その一方で、たとえば宗教的な心情が異なる人々、民族を排除する、殺戮するという歴史が始まったのも事実だ。人間が、自分で考えたことが世界の意志、正義とでもいうようなものであると、傲慢になり始めたのである。

神の不在と「意識」の暴走

有史以来、さまざまな宗教があった。それらのあるものは、ドグマで人間を拘束するものだったろう。しかし、長い歴史を持ち、世界的に信仰が広まっている宗教は、むしろ人智の及ばぬ世界の存在を示唆し、人間の浅はかな論理では見えないなにごとかを示唆して、人間の傲慢を戒めるものだったと思う。たとえばセーレン・キルケゴールは、人間が絶対に触れることができない、知ることができない神の存在によって、個の自由がもたらされることを示した。そのような神が存在した頃、むしろ人間は、世界に対して慈しみと敬意を持って接し、それは穏やかで優しい生活であったろう。

ライナー・マリア・リルケは、そんな神がいて、そこでは個が世界と接しうる幸福な時代があったと信じていた。リルケの初期の作品『時禱集』を読むと、この詩人はキリスト教に対する敬虔な信仰心から出発したのだと思う。そして、そのような時代が近代、破壊されたことを悲しみ、再び世界とつながった個のありようを希求していたように感じる。しかし、そのような生き方は、現代社会ではむしろ、さげすまれるのである。

「例えば孤独な人間があって、昼となく夜となく真実の生活の上にどっしりと腰を落ち着けていようとすると、墜落した者たちの抗議、嘲罵、憎悪を挑発せずにはいない。そういう者たちには心にやましいところがあるので、誰かが真実の道を進み、与えられた仕事に精進するのを黙って見てはいられないのである。」（リルケ『マルテの手記』[31]）

かつて人智が及ばない神の存在を信じることができた時代には、人間は、むしろ幸福であった。少なくとも信仰がある限り、自分の存在について不安を感じることはなかっただろうと思う。ところが、まずガリレオ・ガリレイが望遠鏡で天体を眺め、どうやら地球のほうが動いているらしい、と考え始めた頃から、キリスト教の信仰がゆらぎ始めた。ニュートンは、そんな天体の成り立ちや万有引力なども「神が造りたもうたのじゃ」と宣言して、なんとか信仰は残った。それが産業革命で怪しくなり、それまでは「神の創造物」として敬意を持って眺める対象であった自然は、利益を獲得するための資源になってしまった。それまでの科学は、自然を、宇宙を観察するものだった。そこでは壮大な宇宙のしくみに対して、新たな「神の意志」への敬意も生まれえただろう。ところが、蒸気機関の発明などを契機に、科学は自然からエネルギーを、利益を引き出す技術になった。自然は、そのしくみは、人間の利益のために存在するものになってしまったのだ。

そうなると、たとえばニュートン力学も、人間が世界を語る道具になってくる。「ラプラスの悪魔」というたとえがある。世界のすべての物質とその運動についての情報を知っている悪魔がいたとする。その悪魔は、未来に起きるどんな現象でも、予見可能だという。たまたま、ここでは悪魔とされているが、実際には、人間が十分な物質的情報を得ることができるなら、世界の未来が予測できる、世界を語りうるという傲りになる。たとえばマルクスによる歴史観もそこから生まれたのだと考える。人間の知性、意識は、人間世界の将来まで予測可能だと思い上がる。その段階で、古くから人間の意識の中に存在した尊い神はいなくなる。

そして一九世紀には、がたがたになっていたキリスト教的信仰の残骸をフリードリヒ・ニーチェが掃除してしまった。ニーチェ自身はキリスト教の根源にある「尊さ」を信じていたと思う。ただ、もはや古い言葉で語られる信仰をそのままにできず、個々の人間の内なる善、尊いなにかを目指す新しい信仰を提示したのだ。ところが、それは誤解された。「神はいなくなった。人間の考え、思想、意識が真理たりうるのだ」という傲慢が暴走し、さまざまな災厄が二〇世紀から現代に至るまで出没した。

それを予言していたのがドストエフスキーだ。第1章で取り上げた『悪霊』では、半端な革命運動の中で若者たちがモラルを失い、殺人に走る姿が描かれている。特に興味深いのは、ニコライ・スタヴローギンという青年だ。美貌と資産に恵まれ、高い知力もある。しかし、自らがなにを望んでいるのかわからない。そのためさまざまな事件を惹き起こし、自分を確認しようとする。それらはすべて愚行に終わり、最後には自死する。『カラマーゾフの兄弟』に登場する無神論者、イワン・カラマーゾフは、「大審問官」という挿話の中で、愚かしい人間たちを導くためには、慈愛に満ちた救世主ではなく、愚衆が仰ぎ見て従うような「神」が必要だと主張する。これらの作品は二〇世紀以降のさまざまな事件を予見しているような気がする。

かつて、人智を超えた神を信仰していた時代には、人間はそのような傲慢に陥ることはなかった。しかし近代以降、神への信仰が薄れたとき、人間は、言語的論理、その予見性だけを信じるようになった。人間の意識だけが世界を記述しうる真理だと思うようになったのである。そこでの活動は、ときには外界の事象に対し予言的でもあった。その予言性の価値のため、人類は「内界的」意識をより崇拝するようになった。その結果、特に近代以降、意識だけが人間の活動であるという誤謬が信仰されるようになって、意識の暴走が頻繁に他者を、世界を危険にさらすようになったように思う。

二〇世紀になって相対性理論や量子力学など、いよいよ聖書的な世界観から離れた世界観が明らかになる。人間が考える思想が世界を統御しうるというさまざまな幻想が現れる。それらがぶつかり合って二度の世界大戦が起き、幻想による民族虐殺が起き、ついには人類という種、全体を滅ぼしうる核兵器まで開発されてしまった。

人間の言語の危険性は、それが、言わば催眠術のように人間の心、意識を操る力を持ってきた点にある。言語になる前の「意識」は、ぼんやりしたイメージにすぎない。ところが言語化されたイメージは、個人の中で明確なものになる。それが核になって、くだらない怖れや欲望、偏見をも言語化し、それが真実であるような論理めいたものに成長する。そして、それは多くの他者や社会すら動かす力を持つことがある。この百年ほどの歴史の災厄は、そのような言語が惹き起こしたように感じる。

人間の、言わば道具にすぎなかった言葉は、その言葉だけで作られた場を生じさせてしまい、その場で人間は傲り、自らを破滅寸前にまで追いやったのだ。一方で、言葉の牢獄の中で、追い詰められる個人も多い。

ここから抜け出さなくてはならない。新しい言葉があるはずだ。言語だけからなる人間の意識、そこから抜け出す方法について次章から考えてみよう。

第8章　境界の運命

境界は常に更新され続ける

組織の境界に立つ者たちによって組織は存続できる。たとえば、人体の境界にある上皮系細胞は絶えず生まれ、絶えず死んでいる。一方、境界に接していない脳の細胞は、ほとんど更新されることはない。脳の細胞は、上皮系細胞が生命をかけて得た外の世界の情報だけを、言わば安全に受け取る。安全に情報だけを受け取り、処理するシステムは、更新する必要があまりないのだ。

境界に立つ者は、その命を賭して境界に立ち、感じ、考え、行動する。境界にいる者たちの絶え間ない死によって、組織は存続している。多数の多細胞生物がその戦略をとっている。多細胞生物の表皮には、さまざまな環境因子に対するセンサー、受容体があり、かつ、情報処理システムを担う伝達物質とその受容体もある。それらは常に変転する環境にさらされていて、内界を守るバリア機能も有している。そのため、常に更新され続けなければならないのだ。

内界の論理を有効なものにする、し続けるためには、絶え間ない境界からの情報が必要なのである。人間の脳でも組織でも人工知能でもそうだ。内界が知らない外界のめくるめく変転の中で、そのシステムが維持されるためには、境界からの情報の流れが欠かせないのだ。

外部環境から離れたままのシミュレーションは、往々にして変転する外部環境に対処できない。ときには生存にとって有害な、誤った予言を行う。二〇世紀に出現し、暴威をふるい、やがて滅んださまざまな政治形態がその例だ。そんな意識の暴走を防ぐには、そのシミュレーションの結果を絶えず外部環境と比較すること、その情報をシミュレーションシステムへ新しく入力すること、それがシミュレーションを生存に役立つよう使うために必要不可欠なことである。それは、境界にある者だけがなしうることである。

内界の論理からの逸脱

境界にある者が告げる世界の事実は、たいていの場合、内界の論理から逸脱している。内界が、それを真摯に受けとめ、内界の論理を修正し続けていれば、内界が世界から乖離することは避けられる。しかし、自ら信奉する論理を変えることは容易ではない。そのため、境界からの情報は、内界にとって、内界が信奉する論理に対する冒瀆、破壊と見なされることが多い。

だから、少なからぬ場合、境界にある者、世界の変転を知る者は、内界の論理に固執する者から憎悪され、迫害されることがある。境界は世界に接しながら、内界からは離れられない。境界が内界を作るのであるが、境界があるのも内界の存在ゆえである。ときには、社会、その内界は、境界にある者たちを迫害した。あるいは反社会的存在、精神異常者として排除した。しかし、人類文明の進化は境界にいた者たちが担った。人類集団には「精神異常者」の遺伝的素因が一定量、維持されている。それは、その素因が進化のために必要だったからだと考えられる。

後述するが、創造的な人たちに精神的疾患が多いとされる、その理由がわかった気がする。「世間的常識」がある。ある人が生活している人間集団の価値観の最大公約数、ボイドの中のモラルに従っていれば、集団の中で迫害されたり、悩んだりすることを避けられる。しかし創造は、「世間的常識」から離れた場所、境界でしかなされえない。個人が外界に働きかけることから、「世間的常識」を超越したなにか――芸術だったり科学的発見だったり新しいビジネスモデルの提案だったりするのだが――を創造できる。つまり、創造者は「世間的常識」から逸脱した人でなければならない。そういう人は、集団の中で居心地の悪さ、孤独感、不安にさいなまれる。また、「常識人」は創造的な人に嫉妬し、嫌うので、「常識人」からの迫害にも遭う。しかし人間の、そして生命の本質は、外界の無限の可能性に自ら働きかけることである。創造者が往々にして現実の世界で悲惨な生涯を送るのは、必然であり運命である。

「世間的常識」はフィクションからなっている。大多数の個が共有しうるフィクションである。ある時代、ある地域で、大多数の人が抱いている「こうすることが正しい」という考え方、これが「世間的常識」になる。そこでは、その「世間的常識」に身を任せていたほうが、周囲の人間との摩擦を起こさずに済む場合が多い。ところが「世間的常識」は、内界の都合で突然変わってしまう。二〇世紀の前半、日本では中国大陸への侵攻が「世間的常識」だった。それがより広い世界の常識と乖離していたので、途方もない災禍となってしまった。

境界にいる者は、その境界が囲む組織、内界から見れば常に孤独な存在だ。それが境界の運命でもある。自然科学の歴史を顧みてもよくわかる。地動説を唱えたり、血液が体内を循環すると主張したりした科学者は生命の危機にさらされた。ダーウィンの進化論も多くの非難を浴び、アルフレッド・ウェゲナーの大陸移動説も嘲笑された。原子論と熱力学を結びつけるという画期的な業績を成し遂げたボルツマンはエルンスト・マッハらの攻撃にさらされ、ついには自死を遂げてしまったのである。

論理的な言語で記述させる科学の世界ですら、そんな状況である。しかし人間には、常に内界の論理からの逸脱、そこから精神を解放することが必要なのだ。芸術は、そのために生まれてきたと思う。世界は論理的言語だけでできているわけではない。論理的言語で、あるいは実験科学的な方法で知りうる世界は、世界の小さな側面にすぎない。人間には、論理の場から解放されること、その場だけが世界ではないこと、世界はもっと豊かであり複雑であり変転し続ける現象であること、それを感じるために、自由な精神が必要なのだ。内界の論理、たとえば自分が属する社会の規範や常識は、その社会の構成員として顧慮しなければならないのだが、それだけが世界の真実ではない。そのことを決して忘れてはいけない。自由な精神を持っていれば、たとえば境界からの情報にも柔軟に対応でき、自らを変えていくことに躊躇しなくなるだろう。

精神的素因と創造性

精神性の疾患とされるものは、疾患ではなく、ある時点の常識を逸脱した人間を区別するためのものであった場合もあるのではないか。それが言いすぎなら、ある独特の気質を持った人が「常識人」によって差別され、孤独に追いやられた結果、精神に異常をきたす場合もあったのではないだろうか。スウェーデンで、創造的な職業――科学あるいは芸術に関する職業――の人と、双極性、単極性障害、統合失調症、自閉症などの疾患との関係を調べた結果では、有意な関係は認められなかったが、職業として執筆活動を行っている人には、統合失調症、双極性障害、単極性うつ病、不安障害などが多い傾向が認められた。(1)

高機能自閉症、あるいはアスペルガー症候群などと称される「疾患」がある。二〇〇五年の文部科学省の定義では、「他人との社会的関係の形成の困難さ、言葉の発達の遅れ、興味や関心が狭く特定のものにこだわることを特徴とする行動の障害である自閉症のうち、知的発達の遅れを伴わないもの」だそうである。(2)しかし、なにかを創造する人間は、他者との協調などより、その創造に集中するのがあたりまえである。他者の意見との協調ばかり考えている人間に創造はできない。創造は、ある時点での常識を逸脱する。その常識にのみ依存する者にとっては、破壊的行為である。彼らの視点からすれば、創造者は「社会的関係の形成が困難」で「興味や関心が狭く特定のものにこだわる」人間だと言えるのではないか。たとえば、物理学者のニュートン、ヘンリー・キャベンディッシュ、アインシュタイン、マリー・キュリー、ポール・ディラック、作曲家のバルトーク・ベーラ、そして哲学者のルードヴィヒ・ウィトゲンシュタインがそうだったのではないかと考える人もいる(3)。そうそうたるメンバーだ。

「裸の王様」というよく知られた話がある。あの物語で「王様は裸だ！」と叫ぶ子どもは、高機能自閉症だったのかもしれない。社会心理学の用語で「傍観者効果」というものがある。なにか事件がある。そこにいた者が、自分以外の目撃者がいた場合、率先して行動を起こすことをためらうことだ。「裸の王様」でも、あられもない姿の王様を見ている者はたくさんいた。だが、「傍観者効果」のため、不審に思いながらも、なにも言わない。

カナダの教育学者たちが、自閉症と診断された人を雇用している会社でオンラインの質問調査を実施した。自閉症の職員は、傍観者効果の影響を受けにくい。そのため、職場で効率が悪いプロセスや機能不全の慣行などがあると、ためらわずそれを指摘する。その結果、組織に貢献している可能性があると結論づけている(4)。

自閉症的、と呼ばれる人たちは、言わば、組織の内界の常識に左右されない個性を持っていると言える。それは内界の「常識」だけを信奉する人たちから見れば、理解しがたい、異端的な存在に思えるだろう。しかしながら、内界の論理に右顧左眄しない人たちは、平然と境界に立ち、世界の変化をいち早く感じて、新しい方向へ人々を導く可能性を持っている。

現代、精神疾患として扱われている自閉症、統合失調症、うつ病などは、生存に不利なように思われるが、実際にはその遺伝的素因は淘汰されて消えることはなく、存在し続けている。それは、それらの素因が人間の進化に必要であったためだという説がある。たとえば自閉症傾向を持つ人は、前述のように非常な集中力を持つ。これは、狩猟を中心としていた時代には、細かい機能的な道具を作ったり、根気よく獲物を追跡したりする際、大切な気質だったのではないか。さらにその高度な記憶力、空間認識力も獲物を確保する際、役に立っただろう。一方で自閉症の傾向がある人は、音など外部の出来事に異常に敏感である場合もある。つまり警戒心が強い。これは、捕食者などの危険をいち早く察知し、自分やグループを危険から守る特性だったのではないか。[5] また、統合失調症の傾向がある人たちは、無関係に見える出来事を関連づける傾向があるが、この気質はシャーマンとして、グループの意識を結びつけ、団結を促す役割を果たしていたのではないか。未知の科学法則を見出すこともあったのではないか。[6] あるいはうつ病の気質はひきこもりなどの行動と結びつくが、言い換えれば、それは争いを避け、集団の中での無駄なエネルギーの消費を防ぐ意味があったのではないか。[7] 最近、ＡＤＨＤ（注意欠如多動症）、言わば落ち着きがない人たちの傾向も話題になるが、これも、食べ物をあちこちで採取する生活においては有効な性格であるという論文も刊行されている。[8] ここで示す論文の著者らは、これらの精神疾患系のスペクトルを異常として扱うのではなく、独自の認知バイアスの現れであり、人間の進化の過程で維持されてきた神経系多様性だと考えるべきだと主張している(9)。

「普通」「普通の性格」とはなんなのだろうか。それは、ある社会の中で目立たない性格、平均的、最大公約数的な性格なのかもしれない。しかし、その「普通」が、属する社会が属する、より大きな社会で、異常である場合はどうなのか。巨視的に考えれば、絶対的な異常もなければ確実な普通もありえない。ある集団があって、その内界に「普通」が蔓延し、「普通ではない」ものが境界に追いやられ、あるいは集団から放逐される。人間社会は集団の集まりだ。その集団どうしのコミュニケーションが十分になされている場合、その集団集合の「普通」はありえる。しかし、その「集団集合」も集団であり、それ自体がほかの集団から見れば異常であったりする。そういう集団の異常を認識しうるのは境界にある者であり、「普通ではない精神的素因」は、集団の狂気と破滅を防ぐべく、人間の進化の中で維持されてきた遺伝的素因と考えるべきなのだろう。

第2章で述べたが、異なる価値観を有するサブシステムが相互作用しながら共存することの意味は、そこにあるのかもしれない。原初の生命形態の時代から、多様なシステムが相互作用しながら全体の共存を維持すること、それが生命の根源にある。

「常識」から「創造」へ

世界では今もなお、それぞれの社会で、実はつまらない「常識」が繁茂し、それが真理であるような装いで人間を支配するようになっているように感じる。たとえば、ぼくは「多数決の論理」に危険を感じる。多数決の原理は「平均のルール」と言い換えることもできる。平均値が本質であるという誤解である。それだけに固執する制度は、創造的な個人を排除する。そしてその制度は、本来、個人の想像力でダイナミックに駆動すべきシステムを硬直させ、創造を排除する。多数決に基盤を置く民主主義的な制度がうまく機能するためには、個人の想像力が果たす役割が認められることが大切だ。ぼくは民主主義を否定するわけではない。多数の原理だけを無条件に信用してはならないということだ。

そんな「常識」に「居心地の悪さ＝不安」を感じるとき、一人の人間は「常識」から離れて本来の世界に気づき始めている。「不安」は、だから、現代の社会では、創造への第一歩である。自分が進もうとする道、そのまわりに誰もいない不安、ときには、それをあざけられたり非難されたりすることによる不安、それは創造を通じて、境界に立ち、世界に触れようとする人間の宿命だろう。

創造を求める者は、群れから離れ、群れの中の者たちには見えないなにごとかに向き合っている。その孤独は群れからは理解されない。しかし、そこで得られた真の創造は、新しい世界への扉になる。

第9章　創造について

想像の力

松本元が提唱した人間の脳のしくみは以下の通りである。脳は出力によってアルゴリズムを構築する。すなわち、未知の現象（課題）に対峙した脳は、それまでの記憶の中にある情報から、その現象に対処するためのアルゴリズムを構築する。それは、さらに新しい現象に対するとき、新しいアルゴリズムを作る素材になる。もうちょっとわかりやすく言おう。なにか新しい質問を受けたとする。その質問に対する正確な答えは、なにしろ「新しい」質問なので、頭の中にはない。仕方がないので、すでに頭の中にあるあれこれを組み合わせて答えを出す。実は、そのプロセスで新しい解法、アルゴリズムができるというわけだ(1)。

利根川進が発見した多様な抗原に対する抗体の構築も、同じようなシステムだと思う。未知の病原体が体内に入ってくる。それを排除する免疫システムを作るには、その病原体を識別しなければならない。しかし病原体の数は無数だ。突然変異で次々に新しい病原体ができる。人間の免疫システムがどうやって対処しているのか、謎だった。利根川は、なんと既存の遺伝子の組み換えで、その作業が行われていることを発見した。つまり、既存の遺伝情報をコラージュして多様な抗体を作るシステムだ。(2) これも松本元の脳仮説と同様の生体反応に思える。

中垣俊之が報告した粘菌が迷路を解くプロセス(3)も、出力依存に見える。迷路の入り口と出口に粘菌のエサを置く。粘菌は迷路の中であちこち出たり入ったりをくり返すのだが、やがて出口に達すると、それまであちこちに伸びていた「身体」が引っ込み、その結果、「迷路を解いた」ように見える。人間の脳を含めた生命現象の根源に、出力依存型のシステムがある。

記憶や学習というと、脳が必要だという気がする。しかし、第5章で述べたようにアメフラシも学習する。イソギンチャクですら学習能力があった。イソギンチャクには脳がない。神経は全身に網目状に散らばっている。そんな神経系でも学習は可能だったのだ。

さらに、マウスの胎児由来細胞、人間のｉＰＳ細胞から誘導した神経細胞を、刺激と記録ができる電子素子の上で培養し、ネットワークを作らせる。そこで簡単なピンポンのようなゲームを学習させる。球がこちらに向かってくると、パドルを動かしてそれを打ち返す、というものだ。通常は七五ミリボルトの電気刺激でゲームシステムからの情報がもたらされるが、打ち返すのに失敗したとき、一五〇ミリボルトの刺激が「罰」として与えられた。その学習の結果、培養神経細胞ネットワークは、球を打ち返し続けることができるようになったという[4]。

最近、もっと衝撃的な研究成果が発表された。生物ですらない、電気に応答する水溶性高分子のゲル――紙オムツの素材が電気活性を持ったようなものだが――の中では、外部電位によってイオンの偏りなどが生じるため、その組み合わせで、前述の「ピンポンゲーム」をこなすシステムができたという[5]。冷静に考えれば、神経のシステムの基礎は細胞膜を隔てた電気化学現象である。そして、たとえば人工知能、コンピュータは、金属、半導体など、生命体にはほとんど縁がない無機素材からなるシステムだ。だから、それよりは生命体に近い電解質高分子で「人工知能」ができても驚くほどのことはないのかもしれない。しかし、しみじみ簡単な「学習」は、ごく簡単なシステムで担えるのだなあ、そういう感慨を覚える。

これらの例を眺めていると、かなりの程度の記憶、学習が簡単な神経系で可能なことがわかる。では、人間の大きな脳は、なんのためにあるのだろうか。動物は感情を身体表現することがある。犬は喜ぶとしっぽを振り、チンパンジーも興奮すると手を上げ、拍手し、ぴょんぴょん跳ねる。人間が彼らと違うのは、おのれの身体表現が、世界、もっぱら生活をともにする仲間たち、それらにどう作用するかを観察し、それを新たな情報として脳に入力する、そこから次の行動を創造することである。これは高次の出力依存性のシステムである。

すなわち、人間にあってほかの動物にないもの。それは自身の行動が世界に引き起こした応答を認識し、そこから未来を「想像」する能力である。言い換えれば、行動から世界の変化をフィードバックして、新たな行動を導く能力。その過程で、脳内で世界の一部をシミュレーションする能力である。その「想像」は松本が説くアルゴリズムである。〇歳児は、つかまり立ちする頃から、泣く以外の発声を始める。その発声が世界にどのような「反響」を引き起こすか、試すように。さらに成長すると、周囲の人間の発声をまね始める。そして、それがどのような応答をもたらすか、その経験の積み重ねから、次第に言語のネットワークを構築し始める。

ここで強調したいのは、学ぶということは、外の世界に働きかけながら行うということだ。それまで自身の中にあったもので外に働きかける。外の世界が応答する。それによって自身の中にあったものを修正する。新しいアルゴリズムを創る。それが、おそらく原始的な生命体から引き継がれてきた「学習」の本質だ。人間の場合、脳の中にあるであろう意識、それが特異な進化を遂げたので、「学習」のプロセスも多様になった。

たとえば学校、教育機関での「学習」では、言語で記述されたさまざまなことを聴くことだけが学ぶことだと考えがちだ。しかしながら、それだけではない。たとえば今の日本の教育は、すでにあるなにかを記憶する作業が中心だ。だから入学試験の設問は、すでに誰かが見つけた答えを探す能力を試させる場合がほとんどだ。しかしながら、現実の社会では、たとえ企業の中でも、すでに見つかっている答えを探す能力はあまり問われない。今どき、そんなことはインターネットで検索すればよい。現実社会で求められる能力は、まだ誰も見つけていない答えを見出すこと。いや、それよりも、新しい設問自体を発見する能力が大切なのだ。

外界を能動的に探索する

人間は、もちろん生きていくためには、外の世界を知ろうとしなければならない。しかし、その作業は、前に述べたように能動的に行う必要がある。

指でなにかの形、表面を知ろうとするとき、指を動かす必要がある。すべすべしたもの、ざらざらしたもの、どちらもなにかの表面に指を滑らさなければわからない。大きなもの、小さなもの、重いもの、軽いもの、それを識別するためには、実際に持ってみなければわからない。

眼でなにかを見ようとするときも、頭も眼も動かさなければ、十分な情報は得られない。小さなものには眼を近づける。眼の前に見えるものが花瓶なのか、あるいは精巧に描かれた絵なのか、見極めようとするときも、ちょっと見る角度を変える必要がある。ルネ・マグリットの絵などは、そんな動作を招きそうだ。

「耳を澄ませる」ということはどういうことなのだろう。黙って、聴くことに集中することだと思う。そして手のひらを耳たぶの後ろで広げる動作もある。

「味わう」のも、口になにかを入れて、すぐ飲み込んではいけない。おいしいものを味わう場合、たいていの場合、よく嚙んで、口の中で舌を動かし、味だけではなく、さくさくする歯ごたえや、とろとろ、ぬるぬる、さまざまな「触覚的」な情報をとらえに行かなければならない。鼻に抜けるにおいもまた味の一つ。風邪をひいて鼻が詰まっていると、料理はおいしくない。

広島大学の四元まい・中田聡らは、「くんくん嗅ぐ」においセンサーを発明した。においのセンサーはこれまでにもある。ガスの探知機などもそうだ。ところが四元らは、センサーの前に動いたり止まったりするファンをつけた。センサーに、においの分子が吹きつけられたり、止まったり。その際のセンサーが感知した信号を解析すると、より精密な「嗅ぎ分け」ができることがわかった(6)。

ぼんやりしていても、目を開いていればなにかが見えるし、音は聞こえるし、においも感じる。しかし、より多くのなにかを外の世界から知ろうとするときには、自分から積極的に動いて世界を探りに行かなければならない。世界を探ろう、という気持ちも人間の特性だろう。望遠鏡やら顕微鏡やらさまざまな発明をして、はるかな宇宙まで電波望遠鏡で調べようとする。それは、人間の意識を固定化せず、世界に広げるという意味で大切だと思う。

そこでちょっと心配なのが、現代の情報技術の発達だ。自分の部屋にこもっていながら、外国の街や海の底、高山のてっぺんから、月や火星の表面の映像まで見れる。それもすばらしいことだと思う。ところが世の中には、それですべて事足りた、そこで得た情報だけで生きていく、という人もいる。御本人が一人でそうやって生きていくのなら、まあかまわないが、そのようにして得られた限られた情報だけで世間に意見を発信する。そんな意見も集まり、束になると問題だ。それは本当に世界で起きていることだとは限らないのだ。自ら世界に働きかけることが、世界を知る原点なのだ。

自動化する意識

人間は自分の身体からは出ることができない運命にある。その一方で、外の世界との関わりの中で生きていかねばならない。そのためには、より積極的に、能動的に、世界に働きかけていくことが大切なのだ。人間は、脳を外の世界のシミュレーションのために発達させたが、それをすべての状況で駆動させる必要はない。人間にとって創造することは貴重な特性だが、そのためにはまず生存しなければならない。その生存のためのプロセス、たとえば空腹を満たすこと、休息すること、場合によっては子孫を増やすこと、さまざまな行動が必要であり、そのそれぞれの状況でいちいち立ち止まることはできない。その実行に際しては、その個人が生きる社会との関わりを避けては通れない。そのための言わばコストを節約するしくみも、人間には備わっていると思う。

飛行機や船の操縦に「自動システム」があるように、人間の意識にも「自動」の部分がある。たとえば通学、通勤の道のりを思い出してみよう。一歩一歩「意識」しながら歩いていますか？　階段を上り下りしていますか？　バスや電車に乗っていますか？　自動車を運転していますか？　自動車の運転は「注意一秒ケガ一生」で、常に注意は必要だ。しかし、眼の前の信号が赤くなったとき、「ああ赤だ。これは交通信号における『停止』の記号表現である。したがって私はすみやかにブレーキを踏まねばならない……」などと考えていては、信号無視で捕まるか、事故になる。

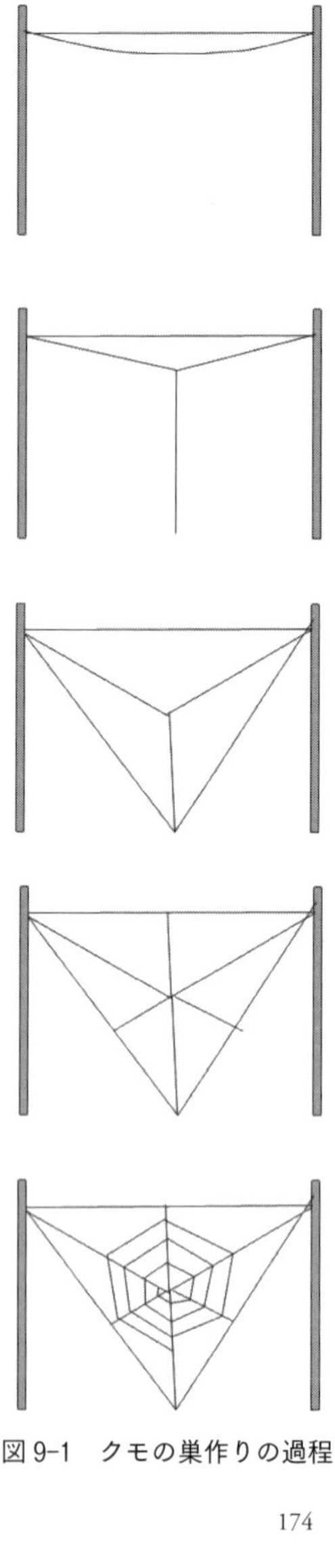
図9-1　クモの巣作りの過程

人間が日常生活を送るにあたっては、自動操縦、機械的なモード、次元があると考えられる。それは、そのときどきの状況に応じた反応、その組み合わせだ。さまざまな動物もそれを持っている。例としてクモが巣を張るときのことを考えよう。クモの巣を見ると、この小さな動物が、大きく精妙な構造体を作ることに感心してしまう。しかし、その過程を段階、ステップに分けると、さして難しい作業ではないことが予想できる。まず、離れた二本の木の枝の間に二本の糸を張る。そのうちの一本に乗って真ん中あたりまで進み、そこから糸を吐きながら重力に従って下に降りて、糸をくっつける。そこを基点に前に張った二本の糸を結ぶと、三つの三角形からなる構造ができる。その中心点から放射状に広がる糸を張る。最後に中心から外へぐるぐる糸を張る。できあがり（図9-1）。

二〇世紀から、さまざまなロボット、変化を察知し、必要な動作をするロボットが開発されたが、それらの多くは、それぞれのステップで次の行動を判断する、それが基準になっている場合が多い[7]。

人間が、たとえば通い慣れた道を歩くのも、こういうステップではないだろうか。通い慣れた道でも「地図に描け」と言われると、案外、時間がかかる。実際に歩くときは、たとえば家から出て最初の交差点に達する。そこでは右に曲がることは覚えている。次に三叉路が出てくる。そこは左のほうに行かなければならない……と、いうようなプロセスで人間は道を覚えているのではないか。進む、ある場所に来る、その場所で判断する、進む、また別の場所に来る……。道のり全体の地図を記憶するより、少ない努力、記憶で道をたどれる。一日の生活もそうではないか。朝、目覚ましが鳴って、起きる、顔を洗う、朝食をとる、歯を磨く、服装を整える、家を出る、近所の駅に着く……というステップは、それが日々、くり返される場合、ある程度、自動化されていると思う。日々の通勤、通学に際し、毎回、迷わないよう地図を脳の中に描いていては、それだけで膨大な脳の作業になる。自動化は日々の生活のために必要なのだ。

しかしながら、特に現代の都市生活では、この自動化が過度に進んでいるようにも感じる。たとえば企業でも、原則的にはなにかにつけ個人の判断が求められると思うのだが、実際には慣習などに頼って個人の意思による判断を棚上げしていないか。ある種の組織では、それが主なシステムの流れになっている。それに逆らうと苦痛を感じる、あるいは苦痛を与えられる、そういうシステムが実は多い気がする。第1章で述べたボイドを思い出そう。隣人と、ぶつからず、離れすぎず、群れの中心にいようとする特性、これが人間社会にもあてはまるように感じるのは、それが、ある側面では生存のためのコストを節約できるからだと思う。

特に、人間は不安になると、この「自動システム」にすべてを委ねがちだと思う。極端な教条の思想集団、宗教団体では、最初にメンバーを不安に陥れるのが常套手段である。その後で、それぞれの集団の「自動システム」を提供するのが、そういう組織の手口であり、二〇世紀以来のさまざまな組織的犯罪の基礎だと考える。

不安を不安のまま保ち、それを、今、身を置いている場を、一人の人間に戻って見直す。交差点や三叉路で、たとえば、もしいつもと反対のほうに行けば、どうなるのか、たまにはそういう冒険をしてみる。それが新しい世界を見出すきっかけになるのではないだろうか。

科学的創造

あふれるような多彩な知性を持ち、二〇二〇年ノーベル物理学賞を受賞したロジャー・ペンローズという人がいる。量子論やブラックホールについての研究で知られている。その彼が書いた次の文章は（ぼくは好きだが）わかりにくい。一言で言えば、「科学の発見もインスピレーションなんだよ」ということである。あるいは「科学も芸術も美しさが大切なのだ」と言いたいのだと思う。まあ、そう思って眺めてみてください。

「芸術では審美的基準は最重要だ、と人々は言うだろう。数学と科学ではこのような基準は単なる付随的なもので、真理性と言う基準が最重要だ、と人は論じるかもしれない。しかし、インスピレーションと洞察という角度で考えると、この二つは互いに切り離せないように見える。私の印象では、インスピレーションの閃きの正しさに対する強い確信（一〇〇％信頼することはできないが、少なくとも単なる偶然よりははるかに信頼できることを付け加えなければならない）は、その神秘的性質と密接に結びついている。美しいアイデアは醜いアイデアに比べて、正しいアイデアであるチャンスははるかに大きい。少なくとも、それが私自身の経験であり、他の人たちも似たような意見を表明している。」（ロジャー・ペンローズ『皇帝の新しい心』[8] 四七五頁）

人間のすばらしさは、創造する能力があることだ。実験科学に基づく世界への理解の広がり。芸術による意識の解放。それらは、せいぜい長くて百年ほどの個人としての人間の可能性を、時間と空間を超えるものにする。人間は、その三〇万年と考えられている歴史の中で、さまざまな愚行をくり返してきたが、その創造する力によって現在まで生き延びてきたし、もし人間に未来があるとすれば、それも創造の能力で拓かれてゆくものだと思う。

科学の発見も芸術の創造も、その魅力は個人の意識を広い世界、宇宙に拡大することだが、それを行うのは個人の、おそらくは脳を中心としたシステムのはずだ。なぜ、個人のシステムにそのような拡大、飛躍が可能なのか。

著名な物理学者、量子論の基礎を築いたパウリも、それが不思議でたまらなかったようだ。人間の精神の奥底には個人を超えて「元型」というイメージがある、と説いた心理学者、カール・ユングと共著も刊行している。そこでは「人間の脳の中に宇宙があるのではないか」、そこまで想像を広げている。しかし、そこで展開される仮説は、ぼくには神秘主義的なものに思える。なんとか、現代科学の枠組みの中で、科学や芸術の創造のしくみを仮説として提案できないだろうか。以下は、その試みだ。

科学的な発見における跳躍、インスピレーションとはなんだろうか。外部情報を脳が取り込んで、脳の中にできる情報の集合体があると仮定する。ナラティブモジュールに相当する。そこでは、眼に見える視覚情報、耳で聴こえる聴覚情報だけではなく、嗅覚情報、皮膚を通して得られる超音波、電場、磁場など、人間の感覚システムが持つありとあらゆる情報が集積されている。ところが、言語によってこの集合体を表現しようとすると、言語で表現しうる事柄だけが選ばれる。言語化されにくい情報は「取り残される」。

言語で表現された事柄には、言語で表現できない未知の情報は含まれてない。しかし脳の中における情報集合体、ナラティブモジュールは、言語で表現される情報集合体より、より多くの世界からの情報、言語にならない膨大な情報を持っている。言語で表現される情報集合体はナラティブモジュールのごく一部だと考えられる。ナラティブモジュールには、言語化できない「取り残された」情報が含まれているからである。そこで、優れた科学者が言語における情報集合体と脳の中の情報集合体を比較するとき、科学者の脳は、言語情報で表現できていない世界のしくみを見出すことができる。おそらく、正確には、既存の科学で表現できなかったなにごとかの存在をイメージすることができる。

それは、最初は言語にできないイメージであるはずだ。第6章で述べたように、アインシュタインも発想のプロセスでは言語的意識は関与しないと述べている。ペンローズもそうだ。科学者はそのイメージを、たとえば数式などの「言語」で表現する。そのプロセスで、既存の言語情報集合体は不可欠であるが、言語情報で表現できなかった科学的発見は、脳の中の情報集合体にのみ含まれる。言語情報集合体は、それを見出す際に求められる。言わば脳の中の情報集合体から言語情報集合体を引き算する作業を行うために必要になる。あるいは脳の中の情報集合体と言語情報集合体を重ね合わせる。そこで重ならなかった部分が科学における発見である。その部分は、既存の言語情報集合体には含まれていない。それゆえに飛躍を感じる。言語で説明できないので、パウリほどの物理学者ですら不思議に思う。しかしながら、それは、それまで言語化できなかっただけであって、科学者の脳の中には存在していたのである。

そうして得られた新しい科学的知識は、言語情報集合体に組み込まれる。それをもとに科学者は、そこに含まれない新しい世界のありさま、科学的発見を探索し続けるのである。だから、科学的な発見、創造に際しては、既存の科学についての学習が求められる。

科学的発見の背景としての「場」

科学史の中で大きな発見の経緯を眺めていると、その背景に科学者が、あるイメージ、パターンを持っていたと感じる。科学的発見として記録された結果には、「不思議」はない。しかし、その発見のプロセスには、ある種の元型、あるいは「場」が存在していたように思う。以下に述べる「パターン」は、言語化できないが科学者の脳の中にあった世界のイメージではないだろうか。

たとえば、グレゴール・ヨハン・メンデルが提唱した遺伝の法則だ。母親、父親がいて、それぞれの遺伝を司る遺伝子が対になっているというイメージ、それをメンデルはエンドウを使った実験で確認したのだが、そもそも、その「対」というアイデアがどこから来たのか不思議なのだ。たとえば、両親の遺伝子は液体状のものであって、父親が青い遺伝子、母親が黄色の遺伝子、子どもはそれが混ざった緑の遺伝子。仮説の一つとして、そんな考え方をしてもいいだろう。

ところがメンデルはそう考えない。彼の論文[9]を読むと、彼は、エンドウの見かけから七つの因子――種やさやの色や形――を選んで観察している。また、両親それぞれの遺伝子に優性、劣性があるとしている。仮に母親の遺伝子対をＡ（優性）ａ（劣性）、父親をＢ（優性）ｂ（劣性）とする。子どもの遺伝子の可能性は、ＡＢ、Ａｂ、ａＢ、ａｂの四通りになる。この中で劣性が現れるのはａｂだけ。つまり四通りのうち、一つになる。メンデルによれば、実験結果での優性、劣性の比率は二・九八：一だったという。ほぼ三：一だ。仮説は証明された。

しかし、メンデルがどこから優性、劣性の対になった遺伝子、というイメージを得たのかわからない。そのイメージがなければ、そもそも、こういう実験系を構築できない。そして、何度も実験した結果、そうなったのかもしれないが、実験に際しては見かけの因子が四つ以上ないと、この結果は得られない。メンデルは七つの因子を設定しているのである。この研究の発表は一八六五年である。それから九〇年ほど経って、遺伝子の本体であるＤＮＡの構造が解明されたが、これもやはり対のらせん構造で、メンデルの慧眼が薄気味悪く思える。ＤＮＡの構造を知っているぼくたちがメンデルの法則を眺めても不思議は感じないが、そういう知識が全くない時代に、メンデルがどうして「対になった遺伝システム」というイメージを得たのか、聞けるものなら聞いてみたい。

化学の世界ではこれまた常識的なメンデレーエフの周期律表の場合にも、ドミトリ・メンデレーエフの頭の中に、まずイメージがあったような気がしている。発表は一八六九年である。周期律表には、実は原子の構造が示唆されている。しかし、当時は誰も原子の構造など知らなかった。いや、原子の存在を否定する物理学者も多くいたのだ。原子の存在、その構造がぼんやりわかってきたのがそれから四四年も経った一九一三年である。やっと電子、陽子からなる初期の原子モデルがニールス・ボーアによって発表された。原子モデルを知っているぼくたちが周期律表を眺めても、ああ、そうだなあ、と思うだけだが、原子量と元素の化学的性質だけを材料に「周期」を見出したのは、不思議な気がする。

もっと驚くことに、メンデレーエフが周期律表を発表した段階で、九二ある天然の元素で存在が確認されていたのは六三だけ、つまり「表」のあちこちに空欄があったのだが、メンデレーエフは少しも動じず、「そこには未知の元素があるのじゃ」とのたまい、その後、ガリウムやゲルマニウムなどが発見され、その空欄にピタッと納まった。さらにメンデレーエフは、それら未知の元素の性質まで予言していた。たとえば、メンデレーエフ曰く、「ゲルマニウム（メンデレーエフはエカケイ素と記述していた）の比重は五・五、その酸化物の比重は四・七じゃろうなあ」。一六年後、ゲルマニウムが発見されてから測定された結果、比重は五・三二七、二酸化物の比重は四・二二八だった。さらに、前世紀後半、さまざまな人工元素が見出されたが、それらも周期律表にあてはまった。量子力学も、周期律表の説明が一つの目的になっていて、メンデレーエフのイメージに対して畏敬の念を覚える[10]。

素粒子物理学でも、イメージがまずあったような発見がある。二〇世紀の初めは、陽子、中性子、電子で原子が成り立っていると、とりあえず考えられていたのだが、その後、宇宙線を観測していたら、ぞろぞろ未知の素粒子が見つかった。電子より大きい、しかし陽子や中性子より小さい素粒子などである。これらをどう定義づければいいのか。

マレー・ゲル＝マンは、それらの素粒子が崩壊するプロセスの違いによって、ストレンジネスという四段階（0、－1、－2、－3）の指標を想定し、それらと電荷（＋1、0、－1）との組み合わせで、八つの素粒子の存在を予言した。仏教には、生まれ変わりをくり返す輪廻から脱出し、涅槃に至る八つの道、正見、正思惟、正語、正業、正命、正精進、正念、正定という道があるようだ。ゲル＝マンは、冗談かもしれないが、自分の予言にこの言葉をあてている[11]。その段階で一つ素粒子が欠けていたのだが、メンデレーエフの周期律表のように、後になってそれを埋める素粒子が見つかった。このパターンを模式化すると、六つの正三角形で構築された六角形になる（図9‐2右下）。ぼくは、これを見たとき、井筒俊彦の『意識と本質』[12]で見た、ユダヤ教の「生命の木」セフィーロートを思い出した（図9‐2上）。井筒によれば、その基本構造、元型は、たとえば「王冠」「叡智」「分別知」を頂点に

ユダヤ教礼拝堂ステンド
グラスの木のイメージ

セフィーロートの木
（『意識と本質』(12) pp. 285-289 より改変）

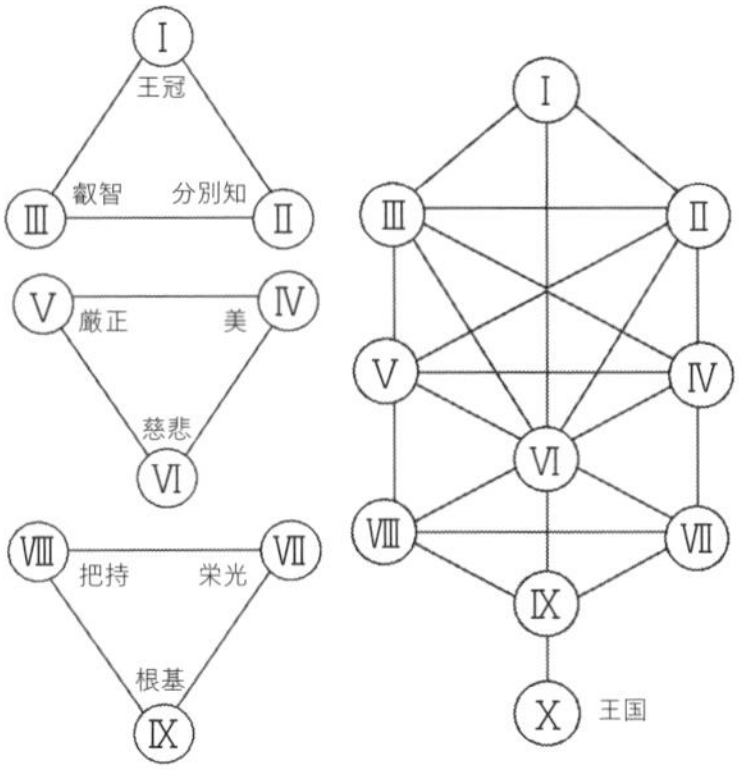

マレー・ゲル＝マンの「八道説」（『知の果てへの旅』(13) より改変）

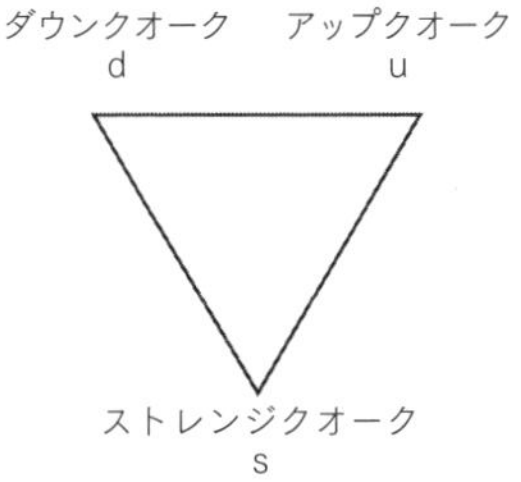

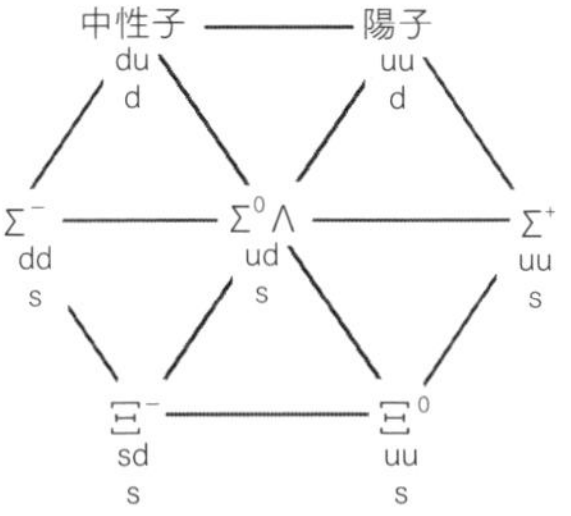

図9-2　クォーク、生命の木

する三角形から構築されるという。ゲル゠マンが名づけた素粒子、アップクオーク、ダウンクオーク、ストレンジクオークも三角形で描かれる（図9－2左下）[13]。

こういう科学の発見を眺めていると、言語化できない場が人間の中にある、そう思えてくる。それが実験事実と遭遇して形になるとき、対であったり表であったり三角形であったりするのだが、それは本来、宇宙にある場のようなもので、人間が進化の過程で獲得したモジュールの中に存在する。生まれながらに持っているものもあるが、世界と触れ合いながら／成長する過程で獲得されるもの、ナラティブモジュールに含まれるものもあるだろう。それは言語化できないもの、時間とともに変化する動的な場であって、言語的な情報のみを集積させた人工知能には存在しえないものである。

いわゆる「ニューエイジ」の時代に、宗教や東洋哲学の中に最先端の物理学的理論を想起させるものがある、と大騒ぎする話がよくあったが、それは別に驚くべきことではない。人間の内にある動的な場が、実験科学の結果と共鳴するときには科学的な発見として顕現し、宗教的な瞑想などの中にも不明瞭ながら似たようなパターンとして現れるのは当然だ。本来、人間の中にあるものが、異なる経路で顕在化するからだ。前述の『意識と本質』の中で、井筒は、イスラムやインドの哲学の中に共通して、言語化できない知の存在が提示され、そこに至る方法が盛り込まれていると記述している。

単純な例を挙げれば、ルネ・デカルト以来の客観的な観察者の視点、その配置を変えるだけで、新たな科学的発見がもたらされたとぼくは思う。木のリンゴが落ちる、と眺めていてはそれだけだが、リンゴが地球に引っ張られる、と視点を変えると、万有引力の法則が見える。あるいは、光の上に乗って移動する、と想定すると特殊相対性理論に至り、重力加速度によって落ちてゆく箱の中にいる、と想定すると一般性相対性理論が見えてくる。

芸術的創造

芸術の創造は、科学的な発見とは異なるプロセスだろうと思う。しかしながら、いわゆる芸術的なインスピレーションも、どこかから降ってくるのではなく、やはり芸術家個人の中にあるのだと考える。前に述べたナラティブモジュールの中にそれがある。ここでも、ぼくは神秘的な考え方はせず、現代科学の枠組みの中で、仮説を提案したいと思う。

絵画などの視覚芸術の基本も抽象だ。たとえば似顔絵。優れた例として、パブロ・ピカソによるイーゴリ・ストラヴィンスキーの肖像は、単純な線で人物の特徴を伝え、椅子に腰かけた作曲家の体重や、組んだ手の表情まで生き生きと伝える。絵が描かれた当時、ストラヴィンスキーを知らない人がいて、この絵を見たら、その後、街中ですれ違ってもストラヴィンスキーに気がつくと思う。現実の対象には細かなしわもあれば、毛穴もある。眼には見えない内臓もある。しかし、そんなものを記述しない、複雑な現実から抽象された限定的な情報で、その人物を特定しうる。

パウル・クレーの作品に至っては、無垢な天使や漠然とした恐怖といった、現実に存在しないなにごとかを描いている。それなのに見る人がそれを知覚する。絵に、視覚的な刺激に対して応答する場が、脳にある。だから、これまでにないような新奇な絵画が目の前に置かれたときも、新たな感動が生まれうるのである。およそ現実には存在しそうにない形からなるワシリー・カンディンスキーの絵、あるいはさまざまな抽象絵画などに美しさを感じるのは、人間が「美しい」と感じるものが、必ずしも現実に存在する形そのものではなく、現実の中にある抽象的ななにかだから、なのではないか。

カンディンスキーやジャック・ポロックの抽象的な作品に対し、時代や国境を越えて多くの人が感銘を覚える。あるいは、たとえば日本の縄文時代の土偶、アフリカ原住民の彫像などにも感動する。それは視覚芸術という刺激に対する場が、人種や文化の違いを超えて、人間の脳の中にあるからだと考える。その意味において、ぼくはユングの集合性無意識の存在を認める。それは人間の中にある場であり、ナラティブモジュールを構築する。世界と、その場との相互作用で立ち現れるイメージだ。

音楽はほとんどが抽象であると言える。旧石器時代の笛が発掘されているから、おそらく有史以前から、さまざまな音楽が、歌が生み出されてきたと思う。それらの中で長く奏されるものは、最初は驚きをもって迎えられたにせよ、やがては感動をもたらしてきた。そのことを理解するには、音楽、あるいは聴覚刺激に対する場も、脳の中にあると考えざるをえない。もっと卑近な例で言えば、後述するが、長調と短調が区別できるということは、人間の脳の中に、音の連続に対するパターンによって、異なる情動をもたらす場が存在すると考えざるをえない。

芸術は、個の創造を形象化する営みである。あるいは、その形象が多数の個に作用しうる場合、多数の個が認める芸術になる。芸術の中で文学は、言語による形象を通じて、多数の個に作用する。しかし、言語的意識にのみ作用する言語的形象は芸術ではない。イデオロギー一辺倒の「文学」は退屈である。それは芸術ではないからだ。

科学的創造と芸術的創造の違い

科学とは異なり、芸術的創造のプロセスでは、既知の情報、特に言語的な情報は、必ずしも重要ではない。もちろん、たとえば文学では、過去の多くの作品が新しい表現、作品の誕生に寄与することはある。音楽でも絵画でも同じことはある。しかし、いきなり既知の概念を逸脱した芸術作品が登場することもありうる。ヴォルフガング・アマデウス・モーツァルトやフェリックス・メンデルスゾーンは、幼少期からその天才を示した。アルチュール・ランボーは、一五歳で詩作を始め、二〇歳になって筆を捨てた。ピカソの十代前半の油絵、靉光《あいみつ》一〇歳の頃のデッサンは、すでに一流の芸術作品だ。芸術における創造では、意識、言語化された脳内情報ではなく、ナラティブモジュールの一部である脳内情報集合体と、世界との相互作用が重要だからだろう。つまり、言語化された知識の学習は必須のものではなく、むしろ言語化されない脳内情報の豊かさが必要であると想像される。

ここで実験科学による創造と芸術的創造についてまとめてみる。どちらも「言語化できない」なにごとかであり、それを言葉で説明するのは難しい。そこで図9-3のような絵を描いてみた。これにしても無理があるが、まあつき合ってください。

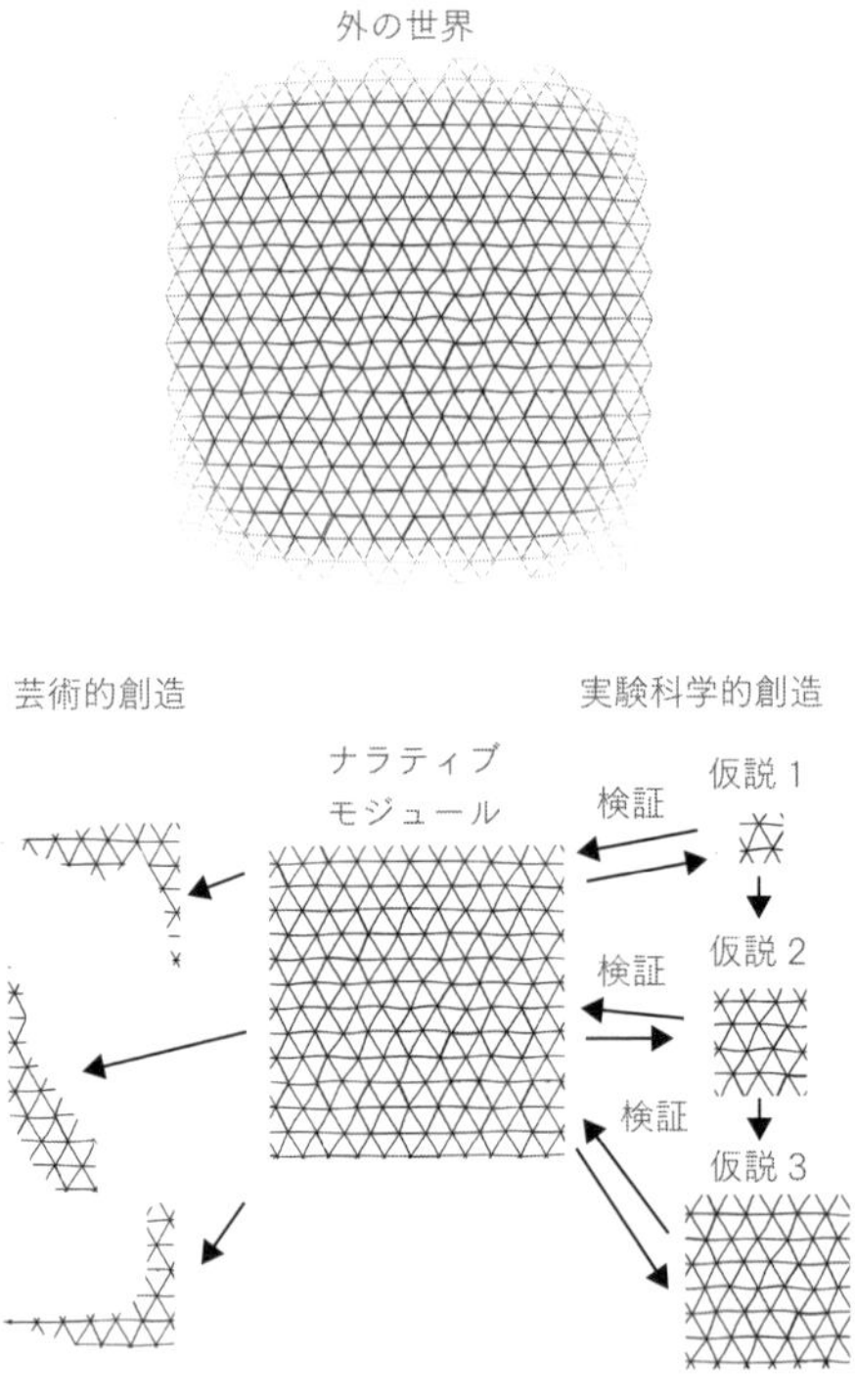

図 9-3　科学的創造と芸術的創造のしくみ

まず、人間には見えない、感知しえない外の世界がある。なにかしらの秩序や法則はあるが、その全体像は感知できない。人間が感知できる世界像は限定されたものであり、それがナラティブモジュールだ。五感を通じて世界から得られた情報の集積である。

実験科学ではまず、その法則のごく一部についての仮説1を立てる。それは数式や文章などの言語で記載しうるものである。科学者はそれを、実験を通じて「世界」と比較する。実はこの場合の「世界」はナラティブモジュールなのだが、それ自体が個人や社会の中で変化するものだ。そこで「世界」と合致した仮説は、「理論」「定説」になる。それをもとに、さらに広く「世界」を説明するための仮説2を立てる。それを再び「世界」と比較する。創造的な科学者は、既存の仮説と「世界―ナラティブモジュール」とのズレ――それは言語、意識にならないのであるが――に気がつく才能を持つ。アインシュタインやペンローズが語ったように、それは「言葉」ではない。しかし、そのズレに気がついた科学者は、それを補うための仮説を立て、数式や言語で記述する。その仮説が「世界」と照合され、ズレが解消されると、新たな「理論」「定説」になる。

パウリが「人間の脳の中には宇宙があるのではないか」と悩んだことも、こう考えると納得が行く。人間の脳の中に宇宙はない。しかし、ナラティブモジュールがある。そこには五感を通じて得られた世界からの情報が集積されているが、言語化、意識化されているのはごく一部だ。そのナラティブモジュールから、言語化されていない世界のしくみを言語化することが、科学的発見、創造だと考える。人間のナラティブモジュールは、たとえば望遠鏡が発明され電波望遠鏡になり、光学顕微鏡が電子顕微鏡になり、そんな技術的な進歩によって「五感を超えて」世界を感知できるようになるにつれ、どんどん広がってゆく。そんな技術的発展が続く限り、科学者の創造のタネは尽きないだろう。

芸術における創造では、「仮説と検証」の作業はない。創造者はナラティブモジュールに近づき、そのなにかに触れ、それを絵に描いたり、楽器で演奏して楽譜に記録したり、あえて言語を連ねて詩を書いたり小説を綴ったりして、それを人々の間で共有される形にする。そこには言語的説明はない。詩や小説でさえ、本来、言語で説明できないなにごとかを表現している。芸術的創造者の泉源もまた、ナラティブモジュールである。優れた創造者は自らのナラティブモジュールに触れ、そこにあるなにごとかに、他者の五感で共有できる形を与える。

ナラティブモジュールそのものを小説にしてしまったのが、プルーストの『失われた時を求めて』

だと思う。そこでは九割以上に、語り手の「私」の過去の記憶と現在が触れ合った瞬間、大きな感動が起きることが記されている。そのきっかけが、有名な「お茶に浸したマドレーヌ」や、糊が効きすぎたナプキン、ぐらぐらする踏み石などだ。嗅覚や触覚がなにかに触れた瞬間、壮大な世界がよみがえる。そうして最後に語り手は、自らの記憶、ぼくに言わせればナラティブモジュールが、人間を解放する芸術の源だという啓示に至る。

脳内情報集合体は、科学技術の革新に伴い、大きくなると考えられる。しかし、それが芸術的創造に直接影響するかどうかはわからない。しかしながら、二〇世紀前半、相対性理論、量子力学が確立された時期、既存の文学の形を破った『失われた時を求めて』やジェームズ・ジョイスの『ユリシーズ』が現れ、あるいはダダイズム、シュルレアリスムのような芸術運動が起きたことの間には、なにか関係があるのかもしれない。第一次世界大戦の前後の不安な社会情勢の中で、既存の価値観がゆらいだことで、科学と芸術、双方に新たな運動が起きたのかもしれないが。

創造に必要なもの

芸術、言語、数学など、人間が世界を記述しよう、世界を理解しよう、世界を予測しよう、という営みの基本に、抽象することと、予見を試みようとすることがある。あるいは人間という生物、あるいは現象の特徴が、世界の記述、抽象、予測なのだと言える。宗教も科学もそこに含まれる。だから、科学も芸術も人間の中で根差すところは同じなのだ。

しかしながら、科学は特に産業革命以降、技術開発が主になって以来、傲慢になりがちだとも言える。科学的な方法、表現で語られることだけが正しいとする誤解が生まれがちだ。しかしながら、科学も本来、常にそれまでの常識を疑うことが基本になっている。疑うことを忘れた科学は危険である。傲慢になった疑似科学とでもいうもの、それを正すためにも芸術が重要だと思う。

人間の創造についての報告を見てみよう。人間は類人猿より創造的だと考えると、その違いは好奇心にあるようだ。[14] チンパンジー、ボノボ、ゴリラ、オランウータン、そして三〜五歳の人間の子どもたちの前に、透明なカップの中にブドウを入れたもの、不透明なカップを置いてみた。つまり、報酬が見えるコップと、なにが入っているかわからないコップだ。すると、人間の子どもたちは、明らかに不透明なコップにも興味を示したという。まず創造には好奇心が必要なようだ。

さらに人間の創造にはなにが必要なのだろうか、誰もが知りたいことなので、さまざまな報告がある。たとえば、創造しなければならないなにかの課題がある。そのことばかり考えていると、さっぱりいい考えが浮かばない。カリフォルニア大学サンタバーバラ校の研究者たちは、物理学者、作家に二週間日記を書かせ、どんなときにひらめいたか、「ああそうか！」と感じたかを記録してもらった。その結果、本人が「すばらしい！」と感じたアイデアは、その課題から離れた作業や空想にふけっていたときにひらめいたという回答が、五分の一あった。[15] 悶々と考え込んでどうしてもアイデアが浮かばないときは、無関係なことをしたり考えたりするのもよさそうだ。これには思い当たることがある。

誰かの名前を思い出そうとする。顔や、その人の人となりなど、関係する情報は出てくるのだが、名前だけが出てこない。そういうときは、あえて別のことを考えることにしている。すると、ふと思い出す。

神経科学の世界では、デフォルトモードネットワーク（Default Mode Network：DMN）――なにもせずボーッとしているときの脳、神経状態――が創造性に重要であるという研究が、最近目につく。これは、やはり人間がなにかに集中していないとき、脳の特定の部分、内側前頭前野、後帯状皮質などの活動として現れる現象だ。ある研究では、いくつかの作業をやらせ、それが能動的な作業かどうかによって、DMNの活動の変化を観察した。被験者たちに、「色に名前をつける」という認知的努力が必要な作業、あるいは単に単語を読むという認知的努力が低い作業を行わせ、そして休息、をくり返す。するとDMNは休息の際に最も活発になり、そして「色に名前をつける」作業よりも単語を読むだけの作業のときのほうが活発だった。[16] 案外、単純な作業をしているときのほうがひらめくのかもしれない。このDMNが創造性に関わっているようなのだ。スタンフォード大学の心理行動学者のヴィノッド・メノンは、DMNは個人の記憶をつなぎ合わせ、その個人の内なる物語――これは本書で述べてきたナラティブモジュールだと言ってもいい――の構築に関わっているのではないかと考えている。[17] 今後の研究が楽しみだ。

創造とは、これまでに誰も考えなかったこと、それを見出すことである。創造する者は、それまでの人間の営為、そして創造の手段について学ばねばならない。詩人は言葉を学び、画家は絵具や筆などの使い方を学ぶ。科学者は、過去の科学の歴史の中でなにが解決され、なにが未解決なのかを知り、実験結果や思索を表現する数式などを学ばなければ、科学者という創造者にはなれない。

一方で、過去の知識の集積だけ、からは創造は生まれない。創造は、過去の知識の集積——それは、ある時点での常識と言えるかもしれない——から逸脱したものである。その逸脱の足場になるのは、固定された時間点の上にあるものではなく、過去から未来へと、止まらず進む時間とともに変わっていく個人の物語、ナラティブモジュールだ。刻一刻変化する世界と接し、それに応じて変わり続ける個人が、既存の知識の集積にはない、外界の、世界のなにごとかを見出し、それぞれの方法で表現するもの、それが創造だ。つまり創造のためには、個は常に世界に向かって開かれていなければならない。

第10章　自然との対話

自然と隣り合って生きてきたヒト

今の人類、ホモ・サピエンスが現れたのは、三〇万年前だと言われている。長い間、狩猟と採集の生活を続けていた。原始的な牧畜、農耕が始まったのは、さまざまな説があるが、一万年前ぐらいだろう。農耕が始まると、個人が食べられる量以上の食料が得られるようになる。そこで富が生まれる。富が生まれると貧富の差、階級が現れ、やがて国家のような大きな社会組織が出現する。それでも、その段階では、人間の住環境は劇的に変わったわけではないと思う。権力を持つ限られた連中が豪奢な生活をしていたにせよ、それ以外の人間の生活は農耕以前とさして変わらなかっただろう。人間の生活が劇的に変わったのは、産業革命が起こってからだと考える。人間や動物以外のエネルギー源が発明された。科学は世界を理解するためだけのものではなく、より多くのエネルギーを、富を生み出すものになり、「科学技術」が爆発的に発展した。しかしながら、世界中の多くの人間が電気による人工的な光などの恩恵を受けられるようになったのは、せいぜいこの百年ぐらいのことかと思う。

三〇万年を三〇年と考える。一万年が一年。百年は百分の一年、およそ三日半というところか。三〇年間、自然と隣り合って生きてきた人、灯りはランプ、暖房は火鉢、囲炉裏、という生活を続けてきた人が、いきなり電化製品に囲まれた新宿やマンハッタンのアパートで生活し始めたなら、最初の数日、体調の不良や、不眠、不安などの精神的なトラブルに悩むのは、ごくあたりまえのように思う。

さらに、せいぜいこの三〇年ほどの間に途方もなく発展した情報システムは、眼で見る、耳で聴く、「デジタル視聴覚情報」にのみ特化して進化してしまった。しかしながら、最近の認知科学の研究は、眼に見えない光、耳で聴くことができない音が情動に及ぼす影響の存在を示している。さらには嗅覚、触覚も人間の情動や意識に重大な影響を及ぼす。現代人のさまざまな心身の不調の原因の多くが、その人工的な環境、その劇的な変化にあるのではないだろうか。

デジタル視聴覚情報の技術だけが重要視されたのも、人間の意識のありようが原因だと思う。くり返すが、人間の意識の基礎は言語だ。眼に見えない光、耳で聴くことができない音、嗅覚、触覚は、言語にできない。だから意識はそれらを無視する。しかしながら、人間の進化の長い歴史の中では、言語化できない環境情報が重要な役割を果たしてきたのだ。たとえば、森の樹々の葉擦れ、小川のせせらぎには、耳で検知できない超高周波音が含まれている。人間は長らくそれを聴きながら進化してきた。ところが現代の都市生活の中には超高周波音はほとんどない。大橋力は、その点に注目し、人間の心身の健康のために、音環境の重要性を指摘している[1]。

都市生活をしている現代人が、休暇で自然が豊かな田舎に滞在すると、心の安らぎを覚える。それは、長い進化の歴史で人間を育んできたもの、最近になって疎遠になってしまったものに出会えるからかもしれない。それを裏づける報告はいくつもある。たとえば、植樹によってそこに住む人たちの寿命が延びる。あるいはスマートフォンで鳥の姿を見る、声を聴く、それだけでも健常者、うつ状態の被験者、それぞれに精神状態の改善が認められたという[2]。自然環境の保護、生物多様性の維持は、直接、人間の健康に作用することなのだ。

自然のささやき

自然のほうも、眼に見えない、耳で聴こえないメッセージを発信している。最近、植物がストレスを受けると、超音波の「叫び」を発しているという研究が発表された。トマトとタバコに、水を与えるのを止める、あるいは葉を切る、そういうストレスを与えると、二〇〜八〇キロヘルツの「叫び」を上げる。人間の耳で聴こえるのはせいぜい二〇キロヘルツまでの音だ。この論文の著者たちは、その叫びの意味については今後の研究課題であるとしながらも、それがほかの植物にも影響するかもしれない、としている[3]。さらにはキノコ集団が、菌糸を言わば「ネット」にして対話しているらしいという報告もある[4]。大きな規模の森林破壊などは、どれほどの「叫び」を惹き起こし、それがどんな影響を周囲に及ぼすのか、そういうことは今後、しっかり科学で検証していく必要がある。

このような植物、菌類の「言葉のネットワーク」が、意識であるとは言えないだろうか。人間は、脳の中の神経細胞のネットワークが感覚器や内臓との関連で作り出す場を、意識と呼んでいる。しかし、意識の本質が、生命体のネットワークの中に立ち現れる時空間構造だと考えれば、森の樹々もキノコのネットワークも、意識を生み出してはいないだろうか。

かつて、「クジラは知性があるから食べてはならない。牛、豚は知性がないから食べてもかまわない」という議論があった。最近はさすがにちょっと「科学的」になって、食用の動物を殺す際には苦痛を与えてはいけない、と言うまでになった。しかし、この議論も「人間の意識至上主義」の表れだと思う。もちろん動物へのいたわりの気持ちは大切だ。しかし、脳など持っていない植物でも、痛みを、苦痛を感じて叫んでいるのだ。むしろ仏教的に、生きとし生ける者の命を奪うことすべてに罪があり、しかし、その罪がなくては、人間は（動物は）生きていけない、それを忘れず、自然に対する感謝を持ち続け、謙虚に生きるべきかと考える。

自然に触れること、それが人間の精神的な状態、たとえば注意力などを改善するという実験報告は過去、いくつもあった(5)。しかしながら、そのメカニズム、自然の中の具体的ななにが効果をもたらすのかについては、推測の域を出なかった。たとえば自然界での色彩の階調には、極端な変化が少ない。そのため、多くの情報を含む。それが人間の注意力を活性化させる、という説も提案されている(6)。その情報に注目して、以下では、新しい説を提案してみたい。

情報エントロピーの高低と認知能力

さまざまな情報に囲まれていると、神経系の発達を促す。[7] マウスを使った実験でも豊かな、つまり、情報量が多い環境の下では神経回路の発達が促進される。[8] 人間の認知能力は、なにかの問題を解決したりするとき、重要になるが、それは住んでいる環境の影響を受ける。

さて、これから久しぶりにエントロピーの話を始める。第3章で話題にしたエントロピーは、熱エネルギーの研究から導き出されたエントロピーだった。ところが、これからの話は、情報エントロピーとされるものだ。これらを安易に、多分、本質を全く理解せずに混同した記述をあちこちで見かける。水溶液の研究者として知られるアリー・ベン＝ナイムは「いっそ統一してしまえ」という説まで出している。[9] ぼくには乱暴な話に思える。彼の本によれば、ノーベル物理学賞を受賞したゲル＝マンは「どちらのエントロピーも無知の測度と見なしうる」と述べ、ノーベル化学賞を受賞したイリヤ・プリゴジンは「その議論を支持することはできない」と反駁している。大先生方の間でさえ意見が割れているが、ぼくは後者に賛成だ。あえて解説すれば、概念、哲学としては似通ったところがあるが、実際に「使う」場合には全く違う。

情報エントロピーは情報工学者シャノンによって提案された。[10] 情報の不確かさの関数と言うべきもので、情報測度とも呼ばれる。熱はエネルギーという物理学的な量であるが、情報はそうではない。

やっかいなことにシャノン自身が「情報測度をエントロピーと呼ぶぞ」と宣言したもので、話がややこしくなってしまった。物理工学者の沙川貴大は、「シラード・エンジン」と呼ばれる一種の思考実験では、情報エントロピーからボルツマンが定義したエントロピーを算出できることを示している。(11)しかし、これはごく限定された条件、仮想実験での話であって、本書では、熱エントロピー、情報エントロピー、それぞれ全く別物だと考えて話を進めよう。

情報エントロピーは不確かさとともに増える。一枚のコインを投げて表か裏かでなにかを決める場合より、三枚のコインを同時に投げて、それぞれの裏、表の組み合わせでなにかを占う場合のほうが情報エントロピーは高いのだ。また、情報にはいろんな種類がある。コインやサイコロをふることもそうだが、記号の集合体である信号もそうだ。街を歩くときも、さてどちらに行こうかと迷う不確かさが多い場合には、情報エントロピーが高いと言える。

それについて、次のような研究がある。この論文では単に「エントロピー」と記述されているが、実際には情報エントロピーなので、以下、そのように書く。著者たちは、「複雑な構造を持つ街は、情報エントロピーの高い環境」だと定義している。そして、そのような環境で暮らしていると、複雑な課題の解決能力が向上し、逆に情報エントロピーが低い街で暮らしていると、情報エントロピーが低い、つまりは単純な課題の解決が得意になると主張する。(12)この論文で例に挙げられている情報エントロピーが高い街はプラハであり、情報エントロピーが低い街はシカゴだ。シカゴは、日本で言えば札幌や京都のように、碁盤の目状に道路が並んでいる。プラハは、東京、それも台東区、中央区あたりじゃなくて渋谷あたり。つまり、迷いやすい街並みだ。

この研究では、世界三八カ国（残念ながら日本の街は入っていない）から四十万人近く参加者を集め、仮想空間の中の水路でボートを操縦し、チェックポイントを探すゲームをやらせてみた。つまり、空間のナビゲーションの能力を評価した。そのゲームでボートが動く領域が、複雑だったり（彼らによれば情報エントロピーが高い）、単純だったり（彼らによれば情報エントロピーが低い）するように設定してある。すると、まず共通する傾向として、都市部に住む人より、都市の外に住む人のほうが高い能力を示した。さらに、たとえば「プラハのように情報エントロピーが高い」街の人は、仮想空間の情報エントロピーが高い、つまり、ややこしい水路地形のゲームの成績がよく、「シカゴのように情報エントロピーが低い」、わかりやすい地形の街に住んでいる人は、情報エントロピーが低い仮想空間でのナビゲーションの成績がよかったそうである。

この研究の場合、環境因子は空間の情報エントロピー、複雑さの違いだ。最初、この論文を読んだとき、京都で学生生活を送ったぼくは、京都のような碁盤の目状の街に住んでいると、難しい課題ができなくなるのか、まあ、自分はそうかもしれないが、あの街は世界的な科学者、芸術家を輩出しているではないか、と憮然とした。しかし落ち着いて考えれば、街並みの単純さ、複雑さは、さまざまな環境因子のごく一部であり、科学や芸術の創造をもたらす環境因子には、たとえばその街の文化施設、歴史など、多様な因子が大きな意味を持つだろう。あるいはフランツ・カフカの『城』は、ひょっとしたら情報エントロピーが高いプラハの街並みが背景にあったのかもしれない。

図10-1　プラハの街並み

情報エントロピーが高い街とはどんなところか、実際にプラハに行って、旧市街を歩いてみた（図10－1）。通りは斜めに交わっていて、前を見ても見通しがきかない。三叉路、五叉路があたりまえで、さらには道幅のわりには高い建物が両側に立っているからだ。どこかに行くときも、スマートフォンのGPSだけでは心もとなく、地図を見て、今歩いている通りの名前、これから進むべき通りの名前、それぞれを確認しながらでないと、すぐ迷ってしまう。なるほど、この街で生活していると、ちょっと近所に出かけるときでさえ、ずいぶん頭を使いそうである。

この研究が示唆するもう一つの重要な点は、都市で生活する人より、都市の外、郊外で生活する人のほうが、より広い空間でのタスクを解決する能力に優れていたことを示した点だ。ちょっと考えると、プラハのように（渋谷のように）入り組んだ街に比べて、郊外、田舎は単純に見える。しかし、そのほうがより広い世界でのタスクを解決する能力を提供するというのだ。都市生活では移動距離が短い一方で、都市の外での生活は移動距離が長いからだと考察されている。さて、都市の外、郊外、田舎の「力」はなんなのだろう。

自然の情報エントロピーによる注意力の回復

ユタ大学の心理学者たちが、四〇分間、約二マイル（三・二キロ）の散歩の効果を調べた。一方のグループは街路樹もあまり見あたらないユタ大学の医療キャンパスの道を歩き（情報エントロピーが低い都会グループ）、もう一方は、常に道の両側に樹々が茂る樹木園の道を歩く（情報エントロピーが高い自然グループ）。樹木園では小川のせせらぎに沿って歩き、楢の木のトンネルをくぐり、アヒルのいる池や滝の周りをめぐる。携帯電話や時計などの所持はさせない。実験の間、電極を頭に装着させて脳波測定を行った。散歩前に、意図的に頭を疲れさせるため、一〇〇〇から七ずつ引き算していく暗算を一〇分やらせる。その後、モニターに映る点を矢印の指示に従って追いかける課題などで、注意力のテストを実施した。四〇分の散歩後に、改めて注意力をテストし、最後に自分たちの歩いた環境の疲労からの回復度がどの程度だと感じたかを評価させた。この論文は誰でもネットで閲覧できるし、散歩コースの風景写真も掲載されているので、興味があれば、御覧ください[13]。

その結果、まず自然グループで、都会グループよりも環境による回復度が高いと感じる傾向が認められた。また、いずれのグループでも散歩後のほうが注意力は高くなった。さらに、脳波について、自然グループでは、散歩後に、エラーを犯した直後に起こり、注意や行動を調整する実行機能に関わる振幅（ERN）の増強が見られたが、都会グループでは散歩の前後で変わらなかった。つまり、自然への没入に関連して実行機能に改善が見られることが示唆された。

この研究結果と、前述の情報エントロピーが高い街、低い街の研究結果を比較すると、自然豊かな環境が、情報エントロピーが低い都会生活に疲れた人を癒してくれるのは、その環境に潜在的な情報エントロピーが多い——具体的に言うと、膨大な情報があふれて複雑な状態にある——からであり、そしてそれは緻密な動的な構造を持っていて、情報エントロピーが高い、と考えられるのではないか。

情報社会と言うけれども、現代のネットワーク社会における情報は、人間の眼球が感知できる視覚情報と、人間の耳の聴覚器官が感知できる音域の聴覚情報がほとんどだ。しかし、ちょっと近所の野山や川べりに行けば、眼に見えない電磁波、磁場、耳に聴こえない音、無意識に働きかけるにおい分子などがあふれている。

人間が作ったものに比べて、自然の形には無限が潜んでいる。図10-2右の写真、まず木の枝のような模様がある「しのぶ石」(dendrite) だ。岩石の隙間に二酸化マンガンなどが浸み込んでできる。拡大して見ても、さらに細かなパターンが見えてくる。このように、拡大するごとに似たパターンが際限なく現れる形状をフラクタルという。あるいは、人間の加工が進んでいない海岸線もフラクタルの例として挙げられることが多い。試みに、神奈川県東部の、まだ岸壁工事などが少ない三浦海岸南

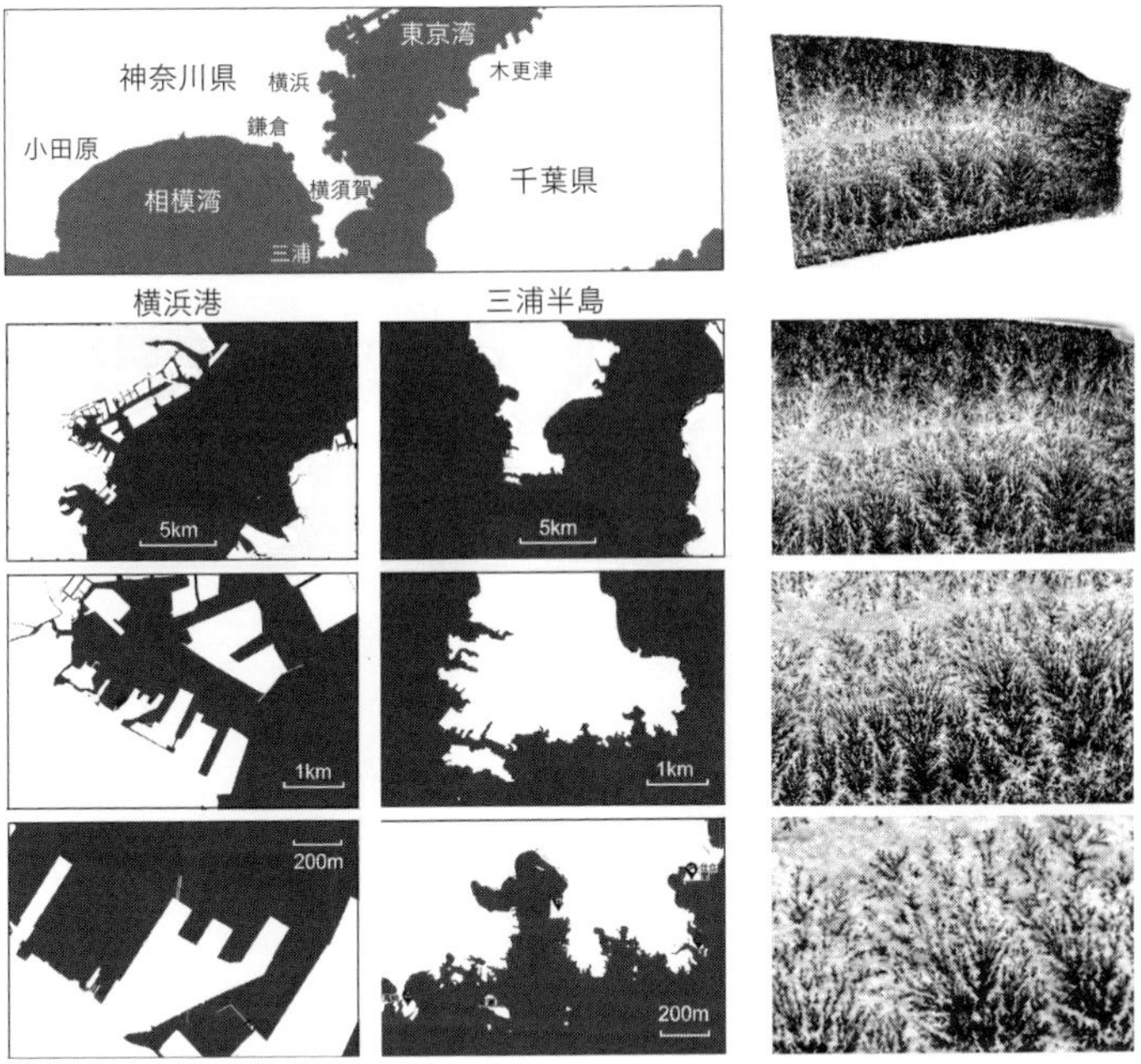

図 10-2　自然と人工

部の地形（図10－2中央）と、一八五九年の開港以来、埋め立てや、防波堤、桟橋、埠頭などの「人工」工事が進んできた横浜港（図10－2左）を比べてみる。図中の白い目盛りが五キロの図では、どちらも複雑な地形に見える。ところが、目盛りが一キロ、二〇〇メートルと図を拡大してゆくと、三浦半島の場合、複雑な海岸線が現れ続けるが、横浜港の場合、直線が目立つようになり、単純な形になってゆく。もし三浦半島の地形をもっと拡大すれば、磯の岩や渚の石、さらには砂まで見えてきて、より複雑な「海岸線」が現れるだろう。自然の形、特にその表面には、細部に至るほど複雑なパターンが潜んでいるのだ。
と、ここまで来て、ふと疑問に思った。第3章で述べたように、生命は、低い熱エントロピーの環境からエネルギーを取り込み、自身の熱エントロピーが低い状態、緻密で動的な構造を維持しながら、時間の変化を越えて存在し続ける現象だ。熱エントロピーについては、「低いエントロピー」からエネルギーを得て生きているのだ。だから人間の生存におけるエントロピーとの関わりを論ずるにあたっては、熱エントロピーと情報エントロピーは全く別のもの、むしろ、その作用において、反対のものだと考える必要がある。本章の最初のほうで、それは違うと念を押したのはそのためだ。

前述の情報エントロピーが高い街、低い街の論文の、「都市道路のネットワークのエントロピーはその後の空間ナビゲーション能力につながっている」(Entropy of city street networks linked to future spatial navigation ability)という表題は、空間構造としては正しいが、その環境全体について表現するのなら、説明が足りないのではないか。つまり、自然や、多分、プラハは、その空間的な因子だけではなく、もし全体を俯瞰することができるなら、自然は都会より、プラハはシカゴより、むしろ情報エントロピーが高いのだと考える。

くり返すが、熱の時間変化である熱エントロピーを情報エントロピーと混同してはいけない。人間の認知能力の向上、これは情報処理機能を高めることだが、それに際して必要なのは、環境の高い情報エントロピーなのだ。さまざまな可能性、不確かさに、その一方で緻密な秩序が重なり合った世界、高い情報エントロピーに触れながら、そこから解決法、あるいは秩序を創造してゆく。それが人間の、あるいは多くの生命の、認知能力の獲得のプロセスなのだ。簡単な構造、学習能力しか持たない生物は、環境の少ない情報エントロピーから、簡単な情報処理機構を獲得する。アメフラシやイソギンチャクでもその程度のことはできる。

創造をもたらすフラクタル

壮大な創造を行う人間には、豊かな自然が必要なようだ。現代の物理学の基礎を築いたウェルナー・ハイゼンベルクの自伝『部分と全体』[14]を読むと、彼と、やはり偉大な物理学者ボーアが、ときには一カ月近くも徒歩旅行を行っていることが印象に残る。雪崩が起きる冬山を歩き回ったことさえ書かれている。この世界の成り立ちを考える、そのような知的作業に際しては、圧倒的な自然の中に身を投げ出すことが必要なのだろう。

前述のように、自然界にはフラクタルが多い。それが脳をリラックスさせたり活性化させたりする、という研究報告が今世紀初めから多く発表されている。オレゴン大学物理学部のリチャード・テイラーによれば、空の雲、山並み、自然な川の流れ、すべてがフラクタルである。彼の論文によれば、アメリカ航空宇宙局NASAで精神的なストレスに対するフラクタルパターンの効果が評価された。ストレスの変化は、序章で述べた皮膚表面電位で測定する。精神的なストレス負荷として、計算問題、論理的課題などへの対応が課せられた。その際、ストレスによって皮膚電位は大きく変化したが、同時に、森の風景写真、サバンナの写真、抽象的なパターンを見せた。すると森、そしてサバンナの風景でストレス反応が緩和されたという。なぜNASAでそういう研究がなされたかというと、たとえば将来、火星の有人探査などを行う場合、長期間、人工的な空間で過ごさねばならないが、その際の環境ストレス緩和の方法を模索するためだった。テイラーによれば、さまざまな芸術にフラクタルが認められるという。たとえば、第4章で述べた龍安寺の石庭、レオナルド・ダ・ヴィンチの洪水の絵、そして葛飾北斎の富嶽三十六景、その中でも有名な神奈川沖の大波の絵などである。[15]

さらにテイラーたちは、その意味を探るため、ポロックの作品を使った実験を試みた。ポロックの作品にはさまざまなフラクタルのレベル（フラクタル次元）のパターンが含まれている。それを被験者が見る際の視線の動きのパターン、その動きのフラクタルのレベルを評価した。その結果、視線が絵を「検索する」際の動きのフラクタルのレベルは、自然界によく認められるフラクタルのレベルと重なったという。その理由として、人間の視覚機能、それが自然界のパターン、フラクタルのレベルに適合するよう進化してきたためであると、テイラーたちは考えている。[16]

一方で、都市の視覚的環境はストレスになりうることを、イギリス、エセックス大学の研究者たちが示唆している。彼らは近赤外分光法で脳内の血液中酸素濃度を評価することで都会の風景、自然の風景に接した際の脳の疲労度を調べた。その結果、直線だらけの都会の風景が脳を疲弊させることを確認した。[17]

前に述べたテイラーたちは最近の論文で、レベルの異なるフラクタルに対する魅力感、興味深さ、リラックス効果などの評価を行っているが、自然界に認められる水準を超えて複雑になると、それらの度合いが低下すると記述している(18)。やはり自然の中のパターンが人間を魅了し、元気づけるのは間違いなさそうだ。

ここで再び、京都のことを思い出してみる。たしかに、あの街は地図で見る限り、わかりやすい構造だ。さらに言えば、昼間なら、街のどこにいても、東、北、西に山並みが見え、たとえば大文字山が見える角度で、自分が今、どのあたりにいるかわかる。そんな環境に六年間住んでいたので、ぼくの方向音痴がさらにひどくなったようにも思う。渋谷駅の外に出ると、スマートフォンのＧＰＳがあっても道に迷ってしまう。

しかし、京都には古い寺社仏閣が多い。さらには桂離宮や修学院離宮など、自然を利用した美しい庭園がある。特に桂離宮は、さほど広くもない離宮の中に、小さな丘や池が巧みに配置されている。そこを歩く道の踏み石の一つ一つが色や形を微妙に変えて、その上を歩くだけで楽しい。途中の腰かけの下にも、小さな色鮮やかな石がはめ込まれている。池には海岸の砂洲を思わせる場所がある。橋の形もさまざまだ。簡素な茅葺きの建物の中に、斬新なデザインの内装、ふすまなどがある。どの窓からも、日本画を切り取ったような景色が見える。周回すると、至るところに発見がある。このような庭園などに恵まれた街は、言わば、人間の感覚をさまざまに刺激する洗練された情報エントロピーに満ちていて、それが多くの哲学者、科学者、芸術家を育てたのかもしれない。

豊かな創造をもたらすためには、内なるナラティブモジュール、豊かな内的な世界が必要なのだ。それを養うには、あるいは、活発にするためには、豊かな世界と接して、それ自体を生き生きとしたものにしておく必要がある。

第11章　芸術が永遠に触れるとき

人間は、意識という、外の世界から切り離された独自の時空間を持つようになり、それは経験から未来を予測し、生存競争に勝つためのシミュレーションを行えるようになった。それは人間の繁栄をもたらしたけれども、その精緻さばかりを追い求めた結果、外の世界との乖離も目立ってきた。それは人間にとって危険なものになりつつある。意識は、外の世界に絶えず問いかけを続けることで、その傲りを防ぐことができる。内なる意識と外の世界との対話の中で、さまざまな創造が可能になる。

人間が世界に触れるのは、視覚、聴覚、触覚、味覚、嗅覚、および身体の重さ、角度、表皮が有する光や音に対する感覚などであるが、もっぱら論じられ研究されてきたのは、視聴覚情報によるものだ。なぜならそれは言語化、意識化しやすいので、たとえばインターネットの記事で共有できる、多くの人間に話ができる、そのためであると考える。触覚、嗅覚、味覚、体性感覚の芸術もありうるし、実例をいくつも挙げられるが、まだ実験科学的解析、考察は少ないので、以下、視聴覚芸術である、音楽、文学、美術（絵画、写真、彫刻）について考えてみよう。

芸術と時間の流れ

音楽と文学には時間の流れが付随する。正確に言えば、音楽は提示された段階で時間の流れがあり、詩や小説を読むときは、読者によってその時間の流れの速さは違うが、時間の流れの中で提示される点では音楽と同じだ。この点から考えると映画も音楽に近い。美術の場合には作品に時間軸はないように思える。しかし鑑賞者の視点が一気に作品全体に広がるという場合もありそうだが、実際に美術作品を鑑賞する際には、細部に注目するなど、鑑賞者独自の時空の動きも伴っているように思う。

ぼくが音楽で不思議に思うのは、短調と長調が、楽譜を読めない自分にも判別できることだ。ルートヴィヒ・ヴァン・ベートーベンの「エリーゼのために」は短調で「合唱」は長調だ。ビートルズでは「ミッシェル」が短調で「ヘイジュード」が長調。ＹＭＯの「ライディーン」は短調で、ＲＣサクセションの「トランジスタ・ラジオ」は長調だ。短調と長調の違いは、音階の全音、半音の並び方で決まるが、そんなことを知らなくても区別がつく。時間の流れの中で波長が異なる音、その並び方の判別ができる。赤、青といった色は自然界にあり、多様な生き物がそれを区別できる。しかし、自然界の音に短調、長調はない。それをどうして人間は区別できるのか。

その程度のこと、すでに解明されていると思っていたが、まだ明確なメカニズムの説明はないようだ。なんとなく悲しい旋律が短調、明るい旋律が長調だと思っているが、能天気に聴こえる「ソーラン節」は短調で、陰翳のある短編小説のような中島みゆきの「悪女」は長調である。たまたま「ソーラン節」を挙げたが、たとえば日本の民謡では「短調＝悲しい」とは言えない場合が多いような気がする。「えんやーどっと」の斎太郎節もそうだ。江戸時代以前、北の海の漁師さんたちは明るい気分でこれらの歌を歌っていたとしか思えない。

　西洋音楽の短調、長調は、進化の過程で形成されてきた、という説がある。たしかに中世の教会音楽は短調、長調が判然としないが、この論文の著者によれば、一五〜一六世紀の音楽理論から、短調、長調の和音に移行してきたという。[1] そう言えば、日本の雅楽や能楽にも調性を感じない。

　一方で、長調、短調、不協和音は生まれつきの特性だ、という論文がある。[2] この論文は、音痴のぼくでもよくわかる。なぜならピアノ鍵盤三つで長調、短調、不協和音になると鍵盤の図入りで述べている（図11－1）。それによれば、長調はドーミーソ（CEG）、短調はドー―レ＃（ミ♭）―ソ（C♭EG）、不協和音はドー―ド＃（レ♭）―ソ（C＃CG）である。家のピアノで確かめたら、なるほど、ぼくですらそう感じた。

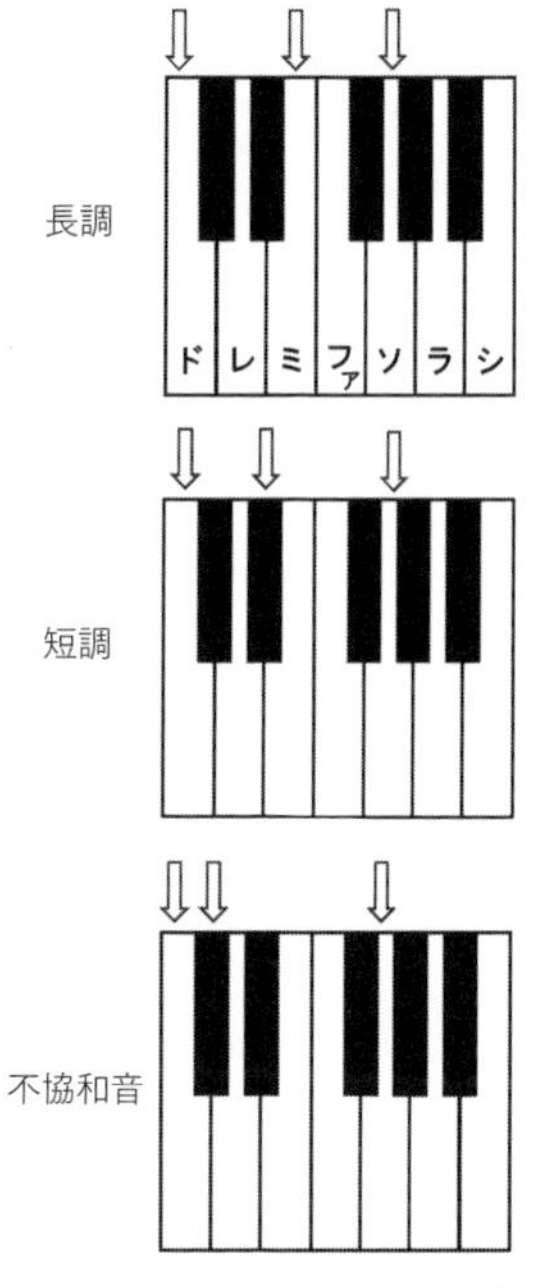

図 11-1　ピアノの鍵盤と調性

　この論文で紹介されていた研究では、新生児に長調、短調、不協和音を聴かせて、頭に装着した電極からの電位変化を調べた。すると、まず新生児の脳電位変化――なにかが起きた応答として起きる事象関連電位と呼ばれる変化だが――は短調、不協和音に対して大きな反応を示した。さらに、その後の電位変化を観察すると、短調ではプラス方向、不協和音ではマイナス方向に電位が変化した。これらの結果から、新生児は長調、短調、不協和音を聴き分ける能力をすでに持っている、つまり、それらの区別は文化的な背景によるものではなく、先天的なものだという[3]。

これらの報告をまとめれば、人間には先天的に短調、長調、そして不協和音を区別する能力がある。そこで、それぞれに悲しい、あるいは明るい気分を感じる背景には、文化的な側面、つまり生まれてから学ぶなにごとかの影響がありそうだ。その後の総説[4]を読んでも、それ以上の発見はなさそうだ。生まれながらの能力にせよ、その後の教育の影響があるにせよ、時間の流れの中で、ある周波数の音の並び方によって人間の感情が変わる、というのは、やはり不思議だと思う。そしてそれは、人間の中に時間とともに変化する物語がある、その表れの一つだと考える。

また、これは全部ぼくの空想だが、人間の中に、メロディーに共鳴する場のようなもの、たとえば第9章で述べた科学的発見の際の「元型」のような場があるのではないか。それゆえ、ごく簡単なメロディーが長く愛される。その筆頭がベートーベンだと思う。第九の合唱、交響曲第6番の最終楽章、ピアノソナタ「悲愴」の第2楽章。その主旋律はぼくでも鼻歌で歌える簡単なものなのに、とても印象深い。ヨハン・セバスティアン・バッハやモーツァルト、ピョートル・チャイコフスキーやアントニン・ドヴォルザーク、あるいはビートルズの曲にも親しみやすい旋律はあるが、二百年ほど前に亡くなったベートーベンの曲には、音楽、メロディーの元型のようななにごとか、それを感じる。そして、そのようなメロディーから構築された音楽は、時間とともに変転する、ある物語となる。それを聞くことで人間は、今、生きている時点での常識、さまざまな制約がある社会から、しばらく離れ、それらから解放され、この世界が広いことを体験し、自らの創造する力を取り戻すのだと思う。

異端者が開く地平

科学でも芸術でも、異端者がとんでもない作品を世に出し、それがきっかけとなって、その後の流れが変わることがあるように思う。

詩ではシャルル・ボードレールの『悪の華』[5]だと思う。詩人が美しいと思えば、どんな言葉を使ってもかまわない。たとえ卑猥な言葉であっても、この世界の輝きを表現できることをしたたかに示して見せた。詩を書く者になんの制約もないことを宣言した。そうして広がった天空を、ランボーが彗星のように飛び去り、リルケは詩で、言葉にできない世界のありようを想う哲学を構築した。萩原朔太郎は、日本的なはかなさ、弱さの中に美しいイメージを表現した。

二〇世紀以降の小説を考えると、ジョイスの『ユリシーズ』がそうだろう。ぼくは、ずっと以前から読まねばならないと思いながら読まなかった。なぜなら、司馬遼太郎が翻訳本を読んでさえ、以下のように書いていたのを読んで恐れをなしていたからだ。「読んでも、途中でやめてしまい、いっそお経の転読をして、いい処どりに読んでもみたが、言々語々〝ジョイス的言語〟でみちていて、翻訳本のその注をいちいち読まねばならず、読んでも隠喩とか、言葉の二重効果などと言うことまで楽しむことができず、結局、ヨーロッパ人にうまれかわらないかぎり、この名作を楽しむことができないとまで思いあきらめた」[6]。しかし、名高き小説を読まずにいるのも残念なので、ぼくは、司馬と同じ翻訳[7]で読んだ。まずは同じ感想である。教養がないから注を読んでも笑えない。その上であえて言えば、めちゃくちゃな小説だと思った。小説で表現できるありとあらゆるめちゃくちゃであふれ返っている。単なるめちゃくちゃではなく、途方もない教養を土台にして計画され、秩序があり、めちゃくちゃに徹する覚悟がある小説だ。それによって、小説という表現手段ではなにを書いたってかまわない、という覚悟が生まれ、たとえばガルシア・マルケスの豊饒なイメージが詰まった作品世界が生まれたのだと思う。

芸術の世界でも境界にいた者が、途方もないことをしでかして、新しい地平を展開してきた。その歴史が、人間の意識、意識以前のなにかの可能性を広げてきたと思う。

永遠という概念を人間はどうして持っているのだろうか

人間は、その身体の中だけで、しかも限られた時間、長くて百年ほどの間しか、存在できないもの、現象である。宇宙のありようについては、物理学者らのさまざまな学説――たとえばビッグバンの後、宇宙はどんどん広がっていくという説、あるいはペンローズのように、やがてその広がりが縮小に転ずるという説——、さまざまな考え方がある。この宇宙が、その広さや、存在する時間が有限なのか無限なのか、まだわからない。ところが人間は「永遠」という概念を持っている。永遠、つまり、空間や時間の限界がない世界観、それを持っているからこそ、たとえば自由な宇宙像を描くことができる。人間の果てしない創造を可能にするためには、永遠という概念が欠かせないのだと思う。

永遠というと、ランボーの『地獄の季節』の中の有名な一節を思い出す。大学生の頃、小林秀雄の翻訳で出会った。衝撃的だった。永遠という、ぼくたちが決して経験することがない概念が、ぼくの心の中に現れてきた気さえした。気になっていくつかの翻訳を集めてもみた。

また見つかった、
何が、永遠が、
海と溶け合う太陽が。
　小林秀雄（訳）岩波文庫、初版一九三八年

また見付かった。
何がだ？　永遠。
去つてしまつた海のことさあ

太陽もろとも去つてしまつた。
中原中也（訳）岩波文庫、二〇一三年（『ランボオ詩集』野田書房、一九三七年参考）

もう一度探し出したぞ。
何を？　永遠を。
それは、太陽と番った
海だ。
堀口大學（訳）新潮文庫、一九五一年

見つかったぞ！
何がだ？　永遠。
太陽にとろけた
海。
栗津則雄（訳）思潮社、一九七三年

ぼくも辞書を引いて、この「永遠」の一節の翻訳を試みた。前半が粟津の訳、後半は中原訳だなあ、というのがぼくの感想だ。中原訳の後半は、いかにも「中也節」という感じで、流石である。しかし、最初に接したせいもあるが、ぼくには小林訳が未だに印象深い。韻を踏んでいることもあるだろう。直訳から最も遠い小林訳が、なぜ最も美しいのか。これは原詩を読んだ小林が、彼の頭の中でイメージを再構築し、原詩にこだわらず、そのイメージを日本語にしたからではないか、と考えている。ランボーの脳の中で「永遠」のイメージが構築され、彼はそれをフランス語という言語で表現した。小林はそこから自身の「永遠」のイメージを言わば創作し、日本語で表現したのだ。つまり、重要なのはイメージであって、言語はそれを他者に示す表現方法の一つであり、逐語訳が最高の翻訳ではないということだ。

パリから二百キロも離れた小さな街、シャルルヴィルに生まれ育った少年が、文学に触れ、さらに普仏戦争で混乱する国を放浪して「外界」に触れたとき、世俗を超越したイメージがあふれ出した。言語意識の天才が外界と触れた瞬間だけに起こる奇蹟だったろう。しかし、それは長く続くものではない。短い時間の中で言語による意識の最果てを見てしまった少年には、もう語るべき言葉は残っていない。言葉による表現は軽蔑すべきものとなり、あとは商人としてアフリカをさまようだけになったのだ。

科学の世界でもさまざまな宇宙論が展開されているが、そこではなにかしらの形、モデルが提案される。広がり続ける宇宙論にせよ、収縮と拡大をくり返す宇宙論にせよ、そこにはイメージの固定化がある。しかし、くり返すが、自由な創造には、固定化された世界観は邪魔になる。たとえばランボーの詩には、イメージを固定化せず、無限の広がりを人間の心にもたらす力がある。

絵の中の永遠

人間の意識は自らの境界から外に出ることはない。解き放たれて自分が宇宙に広がる思いがしても、それは意識の虚構なのだ。しかし「永遠」があるということ、それを意識できることは、人間を傲慢から避けるきっかけになる。

「永遠」は、眼に見える世界、そこから始まることがある。人間の内なるナラティブモジュールが世界と触れ合うその瞬間、人間は世界に宇宙に果てしなく広がってゆく可能性に遭遇する。それは、その瞬間にしかない。その後、その出来事を、たとえば意識の中で言語化したりすると、それは、動くことがない、枠を持ったなにごとかになってしまい、もはや永遠ではなくなる。

近代絵画には二つの流れがあるように思う。一つは、人間の内なる言葉にできない形、それを表現しようとする試みだ。中世のヨーロッパの宗教絵画には光——それは外から人やものに反射し、色や輝きをもたらすのだが——が感じられない。ルネサンス絵画はその「外からの光」を描いた点が特徴だと思う。その後、外からの光を強く感じさせるのはヨハネス・フェルメールだろう。レンブラント・ファン・レインの光は人工の照明に思える。いずれも、ある時間の中での光があり、それによって露わになる人たちの姿がある。そんな「外からの光」を排除し、人間を含む物体そのものを描き始めたのがポール・セザンヌだと感じる。その絵には「なにかにあたってそれを浮かび上がらせる光」

はない。ものの形、色のバランス、時間とともに変化しないものをセザンヌは描いた。

長らく、ぼくはセザンヌのよさがわからなかった。ところが、アンリ・マチスの作品展に行って、セザンヌの意図がわかった気がした。あえて言えば、セザンヌの絵は、外の世界と内界が触れた瞬間の出来事ではなく、内界、ナラティブモジュールのイメージが現れたものではないだろうか。セザンヌは花を描くとき、造花を使っていたと洲之内徹が書いていた[8]。セザンヌにとっては、花と触れることではなく、ナラティブモジュールの世界、そこにある色のバランス、そのイメージが主題だったのではないだろうか。

その流れが、たとえばカンディンスキーに始まる抽象絵画だと思う。カンディンスキーの代表的な作品には、世界にあるものや人間の形はない。むしろ幾何学的とも言うべき、さまざまな形が、鮮やかな色彩で響き合っている。それは二〇世紀以降の絵画の歴史を作ったが、その抽象的な美は、世界各地に古代から存在していると思う。

たとえば縄文土器、土偶を飾る文様には具象的なイメージは少ない。弥生時代の銅鐸などに、簡単な表現ではあるが、具象的なイメージが散見されるようになる。古墳時代になると、高松塚古墳やキトラ古墳の壁画のように精緻で具象的なものも現れるが、熊本県山鹿市のチブサン古墳や、福島県いわき市の中田横穴に見られるような三角形を基調とした抽象的な装飾も見られる[9]。

あるいは人類誕生の地とも考えられている東アフリカの大地溝帯、エチオピア南西部のオモ渓谷に住む遊牧民スルマ（スリ）族の身体装飾も抽象的に見える。そのパターンには呪術的な意味があるようだが、外部の人間とは距離を置いていて、その内容はよくわからないようだ(10)。

アルジェリア南東部のタッシリ・ナジェール山脈には新石器時代からの壁画が多く残されている。それらの多くは、躍動的な動物、人間を描いたものだが、人間の身体にはスルマ族の装飾のような幾何学的文様が見える(11)。新石器時代から人間は、幾何学的、抽象的なイメージの中に意味を見出していた。それは現代の抽象絵画につながり、あるいは科学的な発見、それをうながすシンボルとして機能してきたのかもしれない。

その一方で、ふとした風景や、ごく日常的な経験の中で、「永遠」や「宇宙」を感じる瞬間がある。優れた芸術家はその瞬間をもたらしてくれる。ぼくにとってはアメリカの画家、アンドリュー・ワイエスの作品がそれだ。ワイエスの作品は、優れた写実性を伴っているので、古めかしい画家だと思う人もいる。しかし、ぼくは、ワイエスはシュルレアリスムの系譜に連なるべき画家だと思っている。ワイエスは、ペンシルバニア州のチャッズフォードという小さな街にあった自宅兼アトリエ、そしてメイン州クッシングという、もっと小さな海辺の集落にあった別荘の近所の風景、そこに暮らす平凡な、どちらかと言えば貧しい知人を主として描いた。しかし、自宅に「仕事ありませんか?」と訪ねてきた浮浪者、別荘の隣人で生まれつき歩行に障害がある老嬢、切り株、井戸水の洗い場などを描いた作品を見ると、なぜだかわからないのだけれども、永遠とか宇宙、ということを考えてしまうのだ。

ワイエス自身、自分が絵を描いた場所に行っても、そこで絵に描かれた光景を見ることはない、「自分は、ふとした瞬間、ある光景に接して心がさざめいたときのイメージ、それを絵にしているのだ」と語っている。それはシュルレアリスムの思想ではなかったか。

ワイエスの魅力は、その光にあると思う。絵画の「永遠」は、画家の心に現れた一瞬にある。フェルメールやレンブラントの光は「分単位」の光だと感じる、エドワード・ホッパーは「秒単位」の光。そしてワイエスの光は文字通り一瞬。時間の流れの中の一点。その前も後もない。ワイエスが世界に触れた瞬間の輝きだ。くり返すが、ナラティブモジュールが、おそらくは永遠である外界を知るのは、境界が外界に触れた瞬間だけだ。それが心の中の時空間に配置された後は、その中での出来事になってしまい、外界とは関係がなくなる。ワイエスの作品は、ワイエスの境界が外界に触れ、それが心にさざなみを起こしたその瞬間のイメージなのだ。その瞬間のイメージを描いた作品ゆえに、永遠につながる感情の動きを、見る者の心にも再現することができるのだろう。

ワイエスの肖像画で、印象的な少女の絵《Siri》がある。ワイエスのアトリエにそのシリ・エリクソン嬢の写真があった。写真で見ると、どこにでもいそうな元気そうな平凡な少女である。しかし、ワイエスの絵を見ると、人間の尊厳とか、生きる意志とか、さまざまなことが想起される。ワイエスは、たしかに風景や人物を入念に観察し、デッサンをくり返す。その営為の過程で、一己の人間が感知しうる時空間を超えた、世界の成り立ちや命の尊さを見出し、それをテンペラ画という古風な手法で描き出すのだ。

数年前、ワイエスのコレクションで知られるブランディワインリバー美術館を訪れた。ワイエス生誕一〇〇年、ということで、代表的な作品が多く展示されており、その詳細を見ることができた。そこで発見したのは、人物画を描くときのワイエスの皮膚の描写への執着である。むさくるしい男のヒゲの剃り残し、老人の皮膚にあるシミ。少女の皮膚には産毛さえ見えるようだった。

その後、ワシントンD・Cに行ってナショナルギャラリーを訪ねた。ダ・ヴィンチからヴィンセント・ファン・ゴッホ、ピカソまで、巨匠の作品が並んでいる。ぼくは、ここでも人物画の皮膚を観察した。写実的な肖像画家としてはアルブレヒト・デューラーがいる。その作品を見ると、写実性は際立っているが、ワイエスのような皮膚の微細な表現はない。ダ・ヴィンチやゴッホは、皮膚の質感には関心が薄かったように思った。レンブラントが唯一、皮膚の質感の描写に熱心だった。彼の晩年の自画像では、絵の具の厚塗りによって、老人の皮膚のたるみ、ゆがみが残酷なまでに描写されていた。しかし、ワイエスの皮膚、ここでは「肌」というぬくもりを感じる言葉を使いたいが、その肌の精緻な描写にはほど遠い。

アンドリュー・ワイエスの、とりわけ人物画の魅力は、肌、外界と内界との境界の描写への執着かもしれない。

創造する者の孤独

優れた創造は、それに接した人間の意識——個人のナラティブモジュールなのだが——の時空とは異なる時空を生じさせる。そこで意識は、自らの意識とは別の時空の存在を知り、硬直した状態から自由を得るきっかけになる。一方で、個人の意識が外的世界のなにごとかと共振することもある。そうでなければ自然科学における発見はありえない。個人の意識がその構造の境界に立つとき、それが起きる。芸術は意識を境界に立たせうる。

極端な場合、自らの生存を犠牲にしてでも、より普遍的な価値を見出そうとする衝動を持つ個がいる。報われない人生を送った芸術家や科学者である。彼らは少数者であり、その時代の常識を逸脱した異端者でもあった。いや、創造的な営為は、常に異端なのだ。それまでに存在しなかったなにかを形にすること、それは既存の世界にとっては見知らぬもの、異様なものだろう。見慣れた創造物などありえない。

だから創造する者は、常に孤独である。前を見ても横を見ても、自分と同じような人間は見あたらない。前や横に同じような者がいれば、それは創造的な営為ではない。ここで述べているのは真の創造である。実際には、有名な作品をまねただけの絵、聴いたことがあるような音楽、すでにある作品を少しアレンジし直しただけの小説や詩、ちょっとした応用だけの科学論文も、芸術作品として美術館にかけられていたり、音源として配信されていたり、本屋に並んでいたりするだろう。ここでは、それを創造的な作品とはしない。

優れた科学も芸術も、さまざまな人間の社会、その境界に立つ者によって創造される。彼らには内界の論理とは異なる、世界のなにごとかが感じられる。それを数式や音や絵や物語で表現する。興味深いのは文学で、論理的手段であった言語をもって、言語で表現しえないなにごとかを提示する。

優れた芸術は、音楽でも詩でも絵画でも、それに接した人間を、永遠の中のひとりにさせるものなのかもしれない。日常生活の中では、複雑な組織や人間関係に翻弄されて、ある意味では孤独を感じない。それらと一緒になって騒いでいれば、歳月は過ぎてゆく。それはそれでかまわない。芸術などは無用の長物だと信じるのも悪くない。

ところが、そんな日常でも、身近な人の死や、自らの病気、あるいは天災、人災に遭遇すると、自分は実は弱いひとりぼっちの人間であることを思い知る。そんな絶望の中で、芸術は、たしかに人間は孤独なのだが、その命は永遠に向かって開かれていることを教えてくれる。一人の人間となってその世界に恐る恐る手を伸ばし、なにかに触れようとするとき、変転とどまらない世界の中で変わらないなにか、一人の人間の意味、価値が、言葉にできないメッセージとして伝わってくる。

生命という、物理学的には不可解なものが、地球で誕生したのか、宇宙のどこかに起源があるのか、まだわからない。しかしながら、どこかでその時間を超えるシステムが生まれた。それは、おそらく初期の段階で、多様な形をとって、それらがネットワークを作って共存し、変化を続ける機能を、言わば運命として有していた。その現れの一つが人間であり、その運命は今もある。

そんなことを考えられるのが人間であって、もし生命に宇宙に意志があるとすれば、そこに起源があるだろう。

「……哀れな、はかない存在、——そのなかから叡智や愛情を生もうとするいじらしい意志、それこそ尊ぶべき貴重なものにちがいない。醜くってもいい、愚かであってもいい、いや、その自覚のうえに生まれるこの可憐な意志だけが、ぼくらを宇宙のみなし児から救ってくれるのかもしれない……。」（北杜夫『少年』[12]）

最後に、後書きにならない後書き

幼少期、ぼくは心身ともに虚弱な一人っ子だった。琵琶湖流域の田舎に住んでいたので、生き物には興味があったが、もっぱら本ばかり読んでいた。「生命」に深刻な興味を持ったのは、高校に進学して間もなく、母親が急逝したのがきっかけの一つだと思う。その高校には優れた自然科学者である生物の先生もいらした。うまく表現できないのだが、それまでの十数年間に比べて、その後の、もう半世紀近くになる歳月が、今でも、なんだか他人の夢の中の出来事のような、不確かなものに思えるときがある。その不確かさ、不安を納得させるために研究稼業を続けている気がする。

高校では論理がはっきりした数学や物理学に魅力を感じたが、せいぜい大学の入学試験を通る程度の才能しかないだろうなあ、と思っていた。だから物理学にも生物学にも関われる化学系に進んだ。

大学の教養部では熱力学に惹かれた。生命現象を説明できる物理学は、熱力学だと思った。だから専門課程に進んで研究テーマを選ぶときも、水の熱力学を専攻する先生についた。そのうち生命関連物質と水との熱力学、化学の研究を始めようと漠然と思っていた。

しかしながら、その夢は暴力的に遮断された。

数年間の彷徨の後で、たまたま、皮膚の研究、それも最表層を形成する角層、人間と環境との境界の研究に携わることになった。その方面の第一人者であるサンフランシスコの教授の下で研究する機会も得られた。

新しい世紀になろうとした頃、角層を形成する表皮細胞ケラチノサイトの「感覚」を調べてやろうと思いついた。手がけた実験がほとんど当たり、毎年六つ、七つと論文が出た。だが、それは企業の研究員としては異例なことだったので、あれこれ軋轢もあり、うつ病になって休職に追い込まれた。だが、それがきっかけで人間の意識についても考えるようになった。

この数年は、散歩と読書にふけっている。学生時代に読んだ哲学書、科学書を読み返す。さて、最近はどうなったかと、この数年の間、刊行された生命科学、物理学などの本を読む。最近の論文も眺めてみる。そんな生活を続けていた。

そこで感じたことは、情報科学、生命工学、それぞれの技術はこの半世紀近くの間、信じがたいほどの進歩を遂げたが、物理学の基礎的問題、生命の誕生の謎などは、まだ、そのままだなあ、という感慨だ。シュレディンガーの猫はまだ生と死の間をうろついている。エントロピーについてもボルツマンの不安がまだ残っている。生命の起源についての議論にも目立った進展はない。

そういうことなら、初心に帰り、生命について、物理学にも関わりながら再び考えてみようかと思った。そこで、テーマとして皮膚の抽象概念とでも言うべき境界、そこから自分の物語を始められないかと考えた。

もとより浅学菲才の徒である。悲しいことにかつて猛勉強した数学、物理もあらかた忘れてしまっていて回復に時間がかかった。それでも、最近の科学の、その波打ち際を歩き回ってみたと思う。

結局、不安は不安のままだ。しかし、その不安が実は生命の本来のありようではないだろうか、そう思う。そう思うことにする。

第11章で述べたランボー、ワイエスについての文章は、『デザインじゃないデザインのはなし』（共著、たき工房デザイン、メディアパル、二〇一九年）で発表したものに大幅に加筆し再構成しました。

また本書執筆にあたり、拙稿を入念に読み、さまざまに良い意見を寄せていただいた小室まどかさん、そして東京大学出版会の方々、阿部公彦教授、御作品を装画に使用させていただいたはらだたけひでさんに感謝申し上げます。

二〇二四年一二月

傳田光洋

引用文献

序　章

1) Begall, S., Červeny, J., Neef, J., Vojtěch, O., & Burda, H. (2008). Magnetic alignment in grazing and resting cattle and deer. *Proceedings of the National Academy of Sciences of the United States of America,* **105**, 13451–13455.

2) Červený, J., Begall, S., Koubek, P., Nováková, P., & Burda, H. (2011). Directional preference may enhance hunting accuracy in foraging foxes. *Biology Letters,* **7(3)**, 355–357.

3) Wang, C. X. *et al.* (2019). Transduction of the geomagnetic field as evidenced from alpha-band activity in the human brain. *eNeuro.* **6(2)**, ENEURO.0483–18. doi: 10.1523/ENEURO.0483-18.2019

4) Dyson, F. W., Eddington, A. S., & Davidson, C. (1920). A determination of the deflection of light by the sun's gravitational field, from observations made at the total eclipse of May 29, 1919. *Philosophical Transactions of the Royal Society of London. Series A,* **220A**, 291–333.

5) バー, H. S.　神保圭志（訳）(1988). 生命場の科学——みえざる生命の鋳型の発見　日本教文社

6) Kawai, E., Kumazawa, N., & Denda, M. (2011). Skin surface electrical potential as an indicator of skin condition: Observation of surfactant-induced dry skin and middle-aged skin. *Experimental Dermatology,* **20**, 757–759.

7) Grubauer, G., Elias, P. M., & Feingold, K. R. (1989). Transepidermal water loss: The signal for recovery of barrier structure and function. *Journal of Lipid Research,* **30**, 323–333.

8) Burr, H. S., & Mauro, A. (1949). Electrostatic fields of the sciatic nerve in the frog. *Yale Journal of Biology and Medicine,* **21(6)**, 455–462.

9) Hodgkin, A. L., & Huxley, A. F. (1952). *Journal of Physiology,* **117(4)**, 500–544.

10) Denda, M. *et al.* (2014). Frontiers in epidermal barrier homeostasis: An approach to mathematical modelling of epidermal calcium dynamics. *Experimental Dermatology,* **23**, 79–82.

11) Barker, A. T., Jaffe, L. F., & Vanable, J. W. Jr. (1982). The glabrous epi-

dermis of cavies contains a powerful battery. *American Journal of Physiology,* **242**(3), R358-R366.

12) Becker, R. O., & Selden, G. (1985). *The body electric: Electromagnetism and the foundation of life.* William Morrow.

13) Becker, R. O. (1972). Stimulation of partial limb regeneration in rats. *Nature,* **235**, 109-111.

14) Leppik, L. P. *et al.* (2015). Effects of electrical stimulation on rat limb regeneration, a new look at an old model. *Scientific Reports,* **5**, 18353.

15) Shomrat, T., & Levin, M. (2013). An automated training paradigm reveals long-term memory in planarians and its persistence through head regeneration. *Journal of Experimental Biology,* **216**, 3799-3810.

16) Levin, M. (2014). Molecular bioelectricity: How endogenous voltage potentials control cell behavior and instruct pattern regulation in vivo. *Molecular Biology of the Cell,* **25**, 3835-3850.

第 1 章

1) Denda, M., & Nakanishi, S. (2022). Do epidermal keratinocytes have sensory and information processing systems? *Experimental Dermatology,* **31**(4), 459-474.

2) Lisi, A. *et al.* (2006). Extremely low frequency 7 Hz 100 microT electromagnetic radiation promotes differentiation in the human epithelial cell line HaCaT. *Electromagnetic Biological Method,* **25**(4), 269-280.

3) Wang, C. X. *et al.* (2019). Transduction of the geomagnetic field as evidenced from alpha-band activity in the human brain. *eNeuro,* **6**(2), ENEURO.0483-18. doi: 10.1523/ENEURO.0483-18.2019

4) Yang, X. *et al.* (2020). Effect of static magnetic field on DNA synthesis: The interplay between DNA chirality and magnetic field left-right asymmetry. *FASEB Bioadvances,* **2**(4), 254-263.

5) Hosseini, E. (2021). Brain-to-brain communication: The possible role of brain electromagnetic fields (As a Potential Hypothesis). *Heliyon,* **7**(3), e06363. doi: 10.1016/j.heliyon.2021.e06363

6) Dikker, S. *et al.* (2017). Brain-to-brain synchrony tracks real-world dynamic group interactions in the classroom. *Current Biology,* **27**(9), 1375-1380.

7) Kingsbury, L. *et al.* (2019). Correlated neural activity and encoding of behavior across brains of socially interacting animals. *Cell,* **178**(2), 429-446.

8) Zhang, W., & Yartsev, M. M. (2019). Correlated neural activity across the brains of socially interacting bats. *Cell,* **178(2)**, 413-428.

9) Denda, M., Fujiwara, S., & Hibino, T. (2006). Expression of voltage-gated calcium channel subunit alpha1C in epidermal keratinocytes and effects of agonist and antagonists of the channel on skin barrier homeostasis. *Experimental Dermatology,* **15(6)**, 455-460.

10) Denda, M., & Kumazawa, N. (2010). Effects of metals on skin permeability barrier recovery. *Experimental Dermatology,* **19(8)**, e124-e127.

11) Rotton, J., & Kelly, I. W. (1985). Much ado about the full moon: a meta-analysis of lunar-lunacy research. *Psychological Bulletin,* **97(2)**, 286-306.

12) Gerasimov, A. V., Kostyuchenko, V. P., Solovieva, A. S., & Olovnikov, A. (2014). Pineal gland as an endocrine gravitational lunasensor: Manifestation of moon-phase dependent morphological changes in mice. *Biochemistry (Moscow),* **79(10)**, 1069-1074.

13) Yonezawa, T., Uchida, M., Tomioka, M., & Matsuki, N. (2016). Lunar cycle influences spontaneous delivery in cows. *PLoS One,* **11(8)**, e0161735. doi: 10.1371/journal.pone.0161735

14) Benedict, C., Franklin, K. A., Bukhari, S., Ljunggren, M., & Lindberg, E. (2022). Sex-specific association of the lunar cycle with sleep. *Science of The Total Environment,* **804**, 150222.

15) Borowski, K. (2016). The influence of moon phases on rates of return of the Warsaw Stock Exchange Indices. *Studia Prawno-Ekonomiczne,* **98**, 151-166.

16) Tanackov, I., Aleksić, D., & Stojić, G. (2018). Impact of cyclic external factor of moon phases on the risk of railway accidents occurrence. *Journal of Applied Sciences - SUT,* **4(7-8)**, 28-43.

17) Mavromichalaki, H., Papailiou, M. -C., Gerontidou, M., Dimitrova, S., & Kudela, K. (2021). Human physiological parameters related to solar and geomagnetic disturbances: Data from different geographic region. *Atmosphere,* **12(12)**, 1613.

18) Eastwood, J. P. *et al.* (2017). The economic impact of space weather: Where do we stand? *Risk Analysis,* **37(2)**, 206-218.

19) Asaly, S., Gottlieb, L. -A., Inbar, N., & Reuveni, Y. (2022). Using Support Vector Machine (SVM) with GPS ionospheric TEC estimations to potentially predict earthquake events. *Remote Sensing,* **14(12)**, 2822.

20) Tsuchiya, T., Tanida, M., Uenoyama, S., & Nakayama, Y. (1992). Effects of olfactory stimulation with jasmin and its component chemicals on the duration of pentobarbital-induced sleep in mice. *Life Sciences*, **50(15)**, 1097-1102.

21) Denda, M., Tsuchiya, T., Hosoi, J., & Koyama, J. (1998). Immobilization-induced and crowded environment-induced stress delay barrier recovery in murine skin. *British Journal of Dermatology*, **138(5)**, 780-785.

22) Denda, M., Tsuchiya, T., Elias, P. M., & Feingold, K. R. (2000). Stress alters cutaneous permeability barrier homeostasis. *American Journal of Physiology: Regulatory, Integrative and Comparative Physiology*, **278(2)**, R367-R372.

23) Denda, M., Tanida, M., Shoji, K., & Tsuchiya, T. (2000). Inhalation of a sedative odorant prevents the delay in cutaneous barrier repair induced by psychological stress. *The Autonomic Nervous System*, **37(3)**, 419-424.

24) Denda, M., Tsuchiya, T., Shoji, K., & Tanida, M. (2000). Odorant inhalation affects skin barrier homeostasis in mice and humans. *British Journal of Dermatology*, **142(5)**, 1007-1010.

25) Frazier, C. J. G., Gokool, V. A., Holness, H. K., Mills, D. K., & Furton, K. G. (2023). Multivariate regression modelling for gender prediction using volatile organic compounds from hand odor profiles via HS-SPME-GC-MS. *PLoS One*, **18(7)**, e0286452. doi: 10.1371/journal.pone.0286452

26) Ravreby, I., Snitz, K., & Sobel, N. (2022). There is chemistry in social chemistry. *Science Advances*, **8**, eabn0154. doi: 10.1126/sciadv.abn0154

27) Mishor, E. *et al.* (2021). Sniffing the human body volatile hexadecanal blocks aggression in men but triggers aggression in women. *Science Advances*, **7**, eabg1530. doi: 10.1126/sciadv.abg1530

28) Agron, S. *et al.* (2023). A chemical signal in human female tears lowers aggression in males. *PLoS Biology*, **21(12)**, e3002442. doi: 10.1371/journal.pbio.3002442

29) ドストエフスキー，F. 江川卓（訳）(1971). 悪霊（上・下）新潮社

30) Reynolds, C. W. (1987). Flocks, herds, and schools: A distributed behavioral model. *Computer Graphics*, **21(4)**, 25-34.

31) Portugal, S. J. *et al.* (2014). Upwash exploitation and downwash avoidance by flap phasing in ibis formation flight. *Nature*, **505**, 399-402.

32) サンティーン，C. 永井大輔・髙山裕二（訳）(2023). 同調圧力——デ

モクラシーの社会心理学　白水社
33）Hartman, C., & Benes, B. (2006). Autonomous boids. *Computer Animation & Virtual Worlds,* **17**(3-4), 199-206.

第2章

1）Tsutsumi, M., & Denda, M. (2007). Paradoxical effects of beta-estradiol on epidermal permeability barrier homeostasis. *British Journal of Dermatology,* **157**(4), 776-779.
2）Nakata, S. *et al.* (2011). Interactions between sex hormones and a 1, 2-di-*O*-myristoyl-*sn*-glycero-3-phosphocholine molecular layer: Characteristics of the liposome, surface area versus surface pressure of the monolayer, and microscopic observation. *Bulletin of the Chemical Society of Japan,* **84**(3), 283-289.
3）Nakanishi, S., Makita, M., & Denda, M. (2021). Effects of trans-2-nonenal and olfactory masking odorants on proliferation of human keratinocytes. *Biochemical and Biophysical Research Communication,* **548**, 1-6.
4）Fujita, R. *et al.* (2022). Masking of a malodorous substance on 1, 2-dioleoyl-*sn*-glycero-3-phosphocholine molecular layer. *Colloids and Surface A,* **634**, 128045.
5）Ashida, Y., Denda, M., & Hirao, T. (2001). Histamine H1 and H2 receptor antagonists accelerate skin barrier repair and prevent epidermal hyperplasia induced by barrier disruption in a dry environment. *Journal of Investigative Dermatology,* **116**(2), 261-265.
6）Kumamoto, J., Tsutsumi, M., Goto, M., Nagayama, M., & Denda, M. (2016). Japanese Cedar (*Cryptomeria japonica*) pollen allergen induces elevation of intracellular calcium in human keratinocytes and impairs epidermal barrier function of human skin ex vivo. *Archives Dermatological Research,* **308**(1), 49-54.
7）Oba, Y. *et al.* (2023). Uracil in the carbonaceous asteroid (162173) Ryugu. *Nature Communication,* **14**, 1292.
8）Miller, S. L. (1953). A production of amino acids under possible primitive earth conditions. *Science,* **117**, 528-529.
9）Sagan, C., & Mullen, G. (1972). Earth and Mars: Evolution of atmospheres and surface temperatures. *Science,* **177**, 52-56.
10）ルイージ，P. L.　白川智弘・郡司ペギオ-幸夫（訳）(2009)．創発する生

命——化学的起源から構成的生物学へ　NTT 出版
11) Woodcock, S., & Falletta, J. (2024). A numerical evaluation of the Finite Monkeys Theorem. *Franklin Open, 9,* 100171. doi: 10.1016/j.fraope.2024.100171
12) レイ，H. A.　光吉夏弥（訳）(1998). ひとまねこざる　岩波書店
13) Moody, E. R. R. *et al.* (2024). The nature of the last universal common ancestor and its impact on the early Earth system. *Nature Ecology Evolution,* **8**(**9**), 1654-1666.
14) Spustova, K., Köksal, E. S., Ainla, A., & Gözen, I. (2021). Subcompartmentalization and pseudo-division of model protocells. *Small,* **17**(**2**), e2005320. doi: 10.1002/smll.202005320
15) Purvis, G. *et al.* (2024). Generation of long-chain fatty acids by hydrogen-driven bicarbonate reduction in ancient alkaline hydrothermal vents. *Communications Earth & Environment,* **5**, 30.
16) Matsuo, M., & Kurihara, K. (2021). Proliferating coacervate droplets as the missing link between chemistry and biology in the origins of life. *Nature Communication,* **12**, 5487.
17) Mizuuchi, R., Furubayashi, T., & Ichihashi, N. (2022). Evolutionary transition from a single RNA replicator to a multiple replicator network. *Nature Communication,* **13**, 1460.

第３章
1) Raymer, D. M., & Smith, D. E. (2007). Spontaneous knotting of an agitated string. *Proceedings of the National Academy of Sciences of the United States of America,* **104**, 16432-16437.
2) Geethamma, V. G., & Vedamanickam, S. (2019). Rubber as an aid to teach thermodynamics: The discovery by a blind scientist. *Resonance,* **24**(**2**), 217-238.
3) 三島由紀夫 (1987). 太陽と鉄　中央公論社
4) Aberg, K. M. *et al.* (2007). Psychological stress downregulates epidermal antimicrobial peptide expression and increases severity of cutaneous infections in mice. *Journal of Clinical Investigation,* **117**(**11**), 3339-3349.
5) Marchettini, N., Pulselli, F. M., & Tiezzi, E. B. (2006). Entropy and the City. *WIT Transactions on Ecology and the Environment,* **93**, 263-272.
6) Velarde, M. G., & Normand, C. (1980). Convection. *Scientific American,*

243(1), 92-109.
7) Trenchard, H., & Perc, M. (2016). Energy saving mechanisms, collective behavior and the variation range hypothesis in biological systems: A review. *Biosystems*, **147**, 40-66.
8) Hosoya, T., Baccus, S. A., & Meister, M. (2005). Dynamic predictive coding by the retina. *Nature*, **436**, 71-77.
9) Leinwand, S. G., & Chalasani, S. H. (2011). Olfactory networks: From sensation to perception. *Current Opinion in Genetics and Development*, **21(6)**, 806-811.
10) Doyle, M. E., Premathilake, H. U., Yao, Q., Mazucanti, C. H., & Egan, J. M. (2023). Physiology of the tongue with emphasis on taste transduction. *Physiological reviews*, **103(2)**, 1193-1246.
11) Pruszynski, J. A., & Johansson, R. S. (2014). Edge-orientation processing in first-order tactile neurons. *Nature Neuroscience*, **17(10)**, 1404-1409.
12) Abdo, H. *et al.* (2019). Specialized cutaneous Schwann cells initiate pain sensation. *Science*, **365**, 695–699.
13) Denda, M., & Nakanishi, S. (2022). Do epidermal keratinocytes have sensory and information processing systems? *Experimental Dermatology*, **31(4)**, 459-474.
14) Albuquerque, T. A. F., Drummond do Val, L., Doherty, A., & de Magalhães, J. P. (2018). From humans to hydra: Patterns of cancer across the tree of life. *Biological reviews of the Cambridge Philosophical Society*, **93(3)**, 1715-1734.
15) 阿部公彦（2023）．事務に踊る人々　講談社
16) *グレーバー*，D.　酒井隆史・芳賀達彦・森田和樹（訳）（2020）．*ブルシット・ジョブ——クソどうでもいい仕事の理論*　岩波書店
17) de Zulueta P. (2020). Touch matters: COVID-19, physical examination, and 21st century general practice. *The British Journal of General Practice*, **70**, 594-595.
18) Denda, M., & Nakanishi, S. (2022). Do epidermal keratinocytes have sensory and information processing systems? *Experimental Dermatology*, **31(4)**, 459-474.
19) Grunwald, M. *et al.* (2001). Deficits in haptic perception and right parietal theta power changes in patients with anorexia nervosa before and after weight gain. *The International Journal of Eating Disorders*, **29(4)**, 417-

428.
20) Grunwald, M., & Weiss, T. (2005). Inducing sensory stimulation in treatment of anorexia nervosa. *Quarterly Journal of Medicine,* **98(5)**, 379-380.
21) Metral, M. *et al.* (2014). Painfully thin but locked inside a fatter body: Abnormalities in both anticipation and execution of action in anorexia nervosa. *BMC Research Notes,* **7**, 707.
22) Engel, M. M., & Keizer, A. (2017). Body representation disturbances in visual perception and affordance perception persist in eating disorder patients after completing treatment. *Scientific Reports,* **7(1)**, 16184. doi: 10.1038/s41598-017-16362-w
23) Beckmann, N., Baumann, P., Herpertz, S., Trojan, J., & Diers, M. (2021). How the unconscious mind controls body movements: Body schema distortion in anorexia nervosa. *The International Journal of Eating Disorders,* **54(4)**, 578-586.
24) Meneguzzo, P. *et al.* (2023). Linguistic embodiment in typical and atypical anorexia nervosa: Evidence from an image-word matching task. European Eating Disorders Review, **31(6)**, 837-849.
25) リリー，J. C.　菅靖彦（訳）(1986). サイエンティスト――脳科学者の冒険　平河出版社
26) ファインマン，R.　大貫昌子（訳）(2000). ご冗談でしょう，ファインマンさん（上・下）岩波書店
27) 立花隆 (2000). 臨死体験（上・下）文藝春秋
28) Turner, J. W., Jr, & Fine, T. H. (1983). Effects of relaxation associated with brief restricted environmental stimulation therapy (REST) on plasma cortisol, ACTH, and LH. *Biofeedback and Self-Regulation,* **8(1)**, 115-126.
29) Forgays, D. G., & Forgays, D. K. (1992). Creativity enhancement through flotation isolation. *Journal of Environmental Psychology,* **12(4)**, 329-335.
30) Loose, L. F., Manuel, J., Karst, M., Schmidt, L. K., & Beissner, F. (2021). Flotation restricted environmental stimulation therapy for chronic pain: A randomized clinical trial. *JAMA Network Open,* **4(5)**, e219627. doi: 10.1001/jamanetworkopen.2021.9627
31) Norell-Clarke, A., Jonsson, K., Blomquist, A., Ahlzén, R., & Kjellgren, A. (2022). A study of flotation-REST (restricted environmental stimulation therapy) as an insomnia treatment. *Sleep Science,* **15(2)**, 361-368.
32) McGaughey, T., Gregg, M., & Finomore, V. (2023). Neural network im-

provements induced by REST flotation in chronic lower back pain patients: An exploratory investigation. *NeuroRegulation*, **10(2)**, 118–133.

第４章

1）ウエルズ，H. G.　橋本槇矩（訳）（1991）．タイム・マシン　他九篇　岩波書店

2）Libet, B. (1985). Unconscious cerebral initiative and the role of conscious will in voluntary action. *Behavioral and Brain Sciences*, **8(4)**, 529–566.

3）Haynes, J. D. *et al.* (2007). Reading hidden intentions in the human brain. *Current Biology*, **17(4)**, 323–328.

4）Fiebelkorn, I. C., Pinsk, M. A., & Kastner, S. (2018). A dynamic interplay within the frontoparietal network underlies rhythmic spatial attention. *Neuron*, **99(4)**, 842–853. e8.

5）Manassi, M., & Whitney, D. (2022). Illusion of visual stability through active perceptual serial dependence. *Science Advances*, **8(2)**, eabk2480. doi: 10.1126/sciadv.abk2480

6）Pérez, P. *et al.* (2021). Conscious processing of narrative stimuli synchronizes heart rate between individuals. *Cell Reports*, **36(11)**, 109692.

7）Minakata, K. (1893). The constellations of the far East. *Nature*, **48**, 541–543.

8）Van Tonder, G. J., Lyons, M. J., & Ejima, Y. (2002). Visual structure of a Japanese Zen garden. *Nature*, **419**, 359–360.

9）McGurk, H., & MacDonald, J. (1976). Hearing lips and seeing voices. *Nature*, **264**, 746–748.

10）Gick, B., & Derrick, D. (2009). Aero-tactile integration in speech perception. *Nature*, **462**, 502–504.

11）大橋力（2017）．ハイパーソニック・エフェクト　岩波書店

12）Cameron, D. J. *et al.* (2022). Undetectable very-low frequency sound increases dancing at a live concert. *Current Biology*, **32**, R1222–R1223.

13）Krasnoff, E., & Chevalier, G. (2023). Case report: Binaural beats music assessment experiment. *Frontiers in Human Neuroscience*, **17**, 1138650. doi: 10.3389/fnhum.2023.1138650

14）山下充康（1990）．能舞台床下の甕　騒音制御，**14(3)**，145–148.

15）Bosker, H. R., & Peeters, D. (2021). Beat gestures influence which speech sounds you hear. *Proceedings. Biological Sciences*, **288**, 20202419. doi:

10.1098/rspb.2020.2419

16) Martorell, A. J. *et al.* (2019). Multi-sensory gamma stimulation ameliorates Alzheimer's-associated pathology and improves cognition. *Cell,* **177(2)**, 256-271.e22.

17) Tan, L. Y. *et al.* (2024). Emergence of the brain-border immune niches and their contribution to the development of neurodegenerative diseases. *Frontiers in Immunology,* **15**, 1380063. doi: 10.3389/fimmu.2024.1380063

18) Garza, K. M., Zhang, L., Borron, B., Wood, L. B., & Singer, A. C. (2020). Gamma visual stimulation induces a neuroimmune signaling profile distinct from acute neuroinflammation. *The Journal of Neuroscience,* **40(6)**, 1211-1225.

19) ウェープッラ, U. (1978). 南方仏教基本聖典　中山書房仏書林

第5章

1) ハイゼンベルク，W.　山崎和夫（訳）(1999). 部分と全体――私の生涯の偉大な出会いと対話（新装版）　みすず書房

2) 渡辺慧・渡辺ドロテア（1979). 時間と人間　中央公論社

3) Kandel E. R. (2001). The molecular biology of memory storage: A dialogue between genes and synapses. *Science,* **294**, 1030-1038.

4) Botton-Amiot, G., Martinez, P., Sprecher, S. G. (2023). Associative learning in the cnidarian *Nematostella vectensis. Proceedings of the National Academy of Sciences of the United States of America,* **120**, e2220685120.

5) パスカル，B.　前田陽一・由木康（訳）(2018). パンセ　中央公論新社

第6章

1) ダマシオ，A. R.　田中三彦（訳）(2000). 生存する脳――心と脳と身体の神秘　講談社

2) モノー，J.　渡辺格・村上光彦（訳）(1972). 偶然と必然――現代生物学の思想的問いかけ　みすず書房

3) ファーブル，J. H.　山田吉彦・林達夫（訳）(1993). 完訳ファーブル昆虫記２　岩波書店

4) ピンカー，S.　椋田直子・山下篤子（訳）(2013). 心の仕組み（上・下）　筑摩書房

5) フォーダー，J. A.　伊藤笏康・信原幸弘（訳）(1985). 精神のモジュール形式――人工知能と心の哲学　産業図書

6) Kanizsa, G. (1955). Margini quasi percettivi in campi con stimolazione omogenea. *Rivista di Psicologia,* **49**, 7–30.
7) Fan, J. E. *et al.* (2023). Drawing as a versatile cognitive tool. *Nature Review Psychology,* **2**, 556–568.
8) Sablé-Meyer, M. *et al.* (2021). Sensitivity to geometric shape regularity in humans and baboons: A putative signature of human singularity. *Proceedings of the National Academy of Sciences of the United States of America,* **118(16)**, e2023123118. doi: 10.1073/pnas.2023123118
9) Dehaene, S., Al Roumi, F., Lakretz, Y., Planton, S., & Sablé-Meyer, M. (2022). Symbols and mental programs: a hypothesis about human singularity. *Trends in Cognitive Sciences,* **26(9)**, 751–766.
10) Weiskrantz, L., Warrington, E. K., Sanders, M. D., & Marshall, J. (1974). Visual capacity in the hemianopic field following a restricted occipital ablation. *Brain,* **97(4)**, 709–728.
11) ケストラー，A.　日高敏隆・長野敬（訳）(1969). 機械の中の幽霊——現代の狂気と人類の危機　ぺりかん社（1995年，筑摩書房より復刊）

第7章

1) Joordens, J. C. *et al.* (2015). *Homo erectus* at Trinil on Java used shells for tool production and engraving. *Nature,* **518**, 228–231.
2) Zhang, D. D. *et al.* (2021). Earliest parietal art: Hominin hand and foot traces from the middle Pleistocene of Tibet. *Science Bulletin,* **66**, 2506–2515.
3) Henshilwood, C. S., d'Errico, F., van Niekerk, K. L., Dayet, L., Queffelec, A., & Pollarolo, L. (2018). An abstract drawing from the 73,000-year-old levels at Blombos Cave, South Africa. *Nature,* **562**, 115–118.
4) ミズン，S.　熊谷淳子（訳）(2006). 歌うネアンデルタール——音楽と言語から見るヒトの進化　早川書房
5) Pitarch Martí, A. *et al.* (2021). The symbolic role of the underground world among Middle Paleolithic Neanderthals. *Proceedings of the National Academy of Sciences of the United States of America,* **118**, e2021495118. doi: 10.1073/pnas.2021495118
6) Leder, D. *et al.* (2021). A 51,000-year-old engraved bone reveals Neanderthals' capacity for symbo-ic behaviour. *Nature Ecology & Evolution,* **5(9)**, 1273–1282.

7) Marquet, J. C. *et al.* (2023). The earliest unambiguous Neanderthal engravings on cave walls: La Roche-Cotard, Loire Valley, France. *PloS one*, **18(6)**, e0286568. doi: 10.1371/journal.pone.0286568
8) Slimak, L. *et al.* (2022). Modern human incursion into Neanderthal territories 54,000 years ago at Mandrin, France. *Science advances*, **8(6)**, eabj9496. doi: 10.1126/sciadv.abj9496
9) Metz, L., Lewis, J. E., & Slimak, L. (2023). Bow-and-arrow, technology of the first modern humans in Europe 54,000 years ago at Mandrin, France. *Science Advances*, **9(8)**, eadd4675. doi: 10.1126/sciadv.add4675
10) Brumm, A. *et al.* (2021). Oldest cave art found in Sulawesi. *Science Advances*, **7(3)**, eabd4648. doi: 10.1126/sciadv.add4675
11) Oktaviana, A. A. *et al.* (2024). Narrative cave art in Indonesia by 51,200 years ago. *Nature*, **631**, 814-818.
12) O'Connell, J. F. *et al.* (2018). When did *Homo sapiens* first reach Southeast Asia and Sahul?. *Proceedings of the National Academy of Sciences of the United States of America*, **115**, 8482-8490.
13) Bacon, B. *et al.* (2023). An upper Palaeolithic proto-writing system and phenological calendar. *Cambridge Archaeological Journal*, **33(3)**, 371-389.
14) Garcia-Bustos, M. (2023). Discussion: "An upper Palaeolithic proto-writing system and phenological calendar." *Journal of Paleolithic Archaeology*, **6**, 32.
15) Zwir, I. *et al.* (2022). Evolution of genetic networks for human creativity. *Molecular Psychiatry*, **27(1)**, 354-376.
16) Gentilucci, M., Benuzzi, F., Gangitano, M., & Grimaldi, S. (2001). Grasp with hand and mouth: A kinematic study on healthy subjects. *Journal of Neurophysiology*, **86(4)**, 1685-1699.
17) Brozzoli, C., Roy, A. C., Lidborg, L. H., & Lövdén, M. (2019). Language as a tool: Motor proficiency using a tool predicts individual linguistic abilities. *Frontiers in Psychology*, **10**, 1639.
18) Forrester, G. S., & Rodriguez, A. (2015). Slip of the tongue: Implications for evolution and language development. *Cognition*, **141**, 103-111.
19) Nishimura, T. *et al.* (2022). Evolutionary loss of complexity in human vocal anatomy as an adaptation for speech. *Science*, **377**, 760-763.
20) カッシーラー, E. 生松敬三・木田元（訳）(1989). シンボル形式の哲学１　言語　岩波書店

21）細川博昭（2019）．鳥と人、交わりの文化誌　春秋社
22）岡ノ谷一夫（2016）．さえずり言語起源論——新版　小鳥の歌からヒトの言葉へ　岩波書店
23）ソシュール，F.　小林英夫（訳）（1972）．一般言語学講義　岩波書店
24）Matsumoto, D., & Assar, M. (1992). The effects of language on judgments of universal facial expressions of emotion. *Journal of Nonverbal Behavior,* **16(2)**, 85-99.
25）Wang, T., Wichmann, S., Xia, Q., & Ran, Q. (2023). Temperature shapes language sonority: Revalidation from a large dataset. *PNAS nexus,* **2(12)**, 384.
26）Kumamoto, J. *et al.* (2018). Mathematical-model-guided development of full-thickness epidermal equivalent. *Scientific Reports,* **8**, 17999. doi: 10.1038/s41598-018-36647-y
27）Okumura, T. *et al.* (2024). Semantic context-dependent neural representations of odors in the human piriform cortex revealed by 7T MRI. *Human Brain Mapping,* **45(6)**, e26681. doi: 10.1002/hbm.26681
28）Aungle, P., & Langer, E. (2023). Physical healing as a function of perceived time. *Scientific Reports,* **13(1)**, 22432. doi: 10.1038/s41598-023-50009-3
29）ジェインズ，J.　柴田裕之（訳）（2005）．神々の沈黙——意識の誕生と文明の興亡　紀伊國屋書店
30）グレーバー，D.　酒井隆史（監訳）（2016）．負債論——貨幣と暴力の5000年　以文社
31）リルケ，R. M.　望月市恵（訳）（1946）．マルテの手記　岩波書店

第8章

1）Kyaga, S. *et al.* (2013). Mental illness, suicide and creativity: 40-year prospective total population study. *Journal of Psychiatric Research,* **47(1)**, 83-90.
2）文部科学省中央教育審議会（2005）．学習障害（LD），注意欠陥／多動性障害（ADHD）及び高機能自閉症について　特別支援教育を推進するための制度の在り方について（平成17年12月8日答申）
3）James I. (2003). Singular scientists. *Journal of the Royal Society of Medicine,* **96(1)**, 36-39.
4）Hartman, L. M., Farahani, M., Moore, A., Manzoor, A., & Hartman, B. L.

(2023). Organizational benefits of neurodiversity: Preliminary findings on autism and the bystander effect. *Autism Research,* **16(10)**, 1989-2001.
5) Spikins, P., Wright, B., & Hodgson, D. (2016). Are there alternative adaptive strategies to human pro-sociality? The role of collaborative morality in the emergence of personality variation and autistic traits. *Time and Mind,* **9(4)**, 289-313.
6) Polimeni, J. (2022). The shamanistic theory of schizophrenia: The evidence for schizophrenia as a vestigial phenotypic behavior originating in Paleolithic shamanism. *Journal of Anthropological and Archaeological Sciences,* **6(3)**, 727-737.
7) Andrews, P. W., & Thomson, J. A., Jr. (2009). The bright side of being blue: Depression as an adaptation for analyzing complex problems. *Psychological Review,* **116(3)**, 620-654.
8) Barack, D. L. *et al.* (2024). Attention deficits linked with proclivity to explore while foraging. *Proceedings of the Royal Society B,* **291**, 20222584. doi: 10.1098/rspb.2022.2584
9) Rządeczka, M., Wodziński, M., & Moskalewicz, M. (2023). Cognitive biases as an adaptive strategy in autism and schizophrenia spectrum: The compensation perspective on neurodiversity. *Frontiers in Psychiatry,* **14**, 1291854. doi: 10.3389/fpsyt.2023.1291854

第9章

1) 松本元 (1996). 愛は脳を活性化する　岩波書店
2) Tonegawa, S. (1983). Somatic generation of antibody diversity. *Nature,* **302**, 575-581.
3) Nakagaki, T., Yamada, H., Tóth, A. (2000). Maze-solving by an amoeboid organism. *Nature,* **407**, 470.
4) Kagan, B. J. *et al.* (2022). In vitro neurons learn and exhibit sentience when embodied in a simulated game-world. *Neuron,* **110**, 3952-3969. e8. doi: 10.1016/j.neuron.2022.09.001
5) Strong, V., Holderbaum, W., & Hayashi, Y. (2024). Electro-active polymer hydrogels exhibit emergent memory when embodied in a simulated game environment. *Cell Reports Physical Science,* **5(9)**, 102151. doi: 10.1016/j.xcrp.2024.102151
6) Yotsumoto, M. *et al.* (2023). Phospholipid molecular layer that enhances

distinction of odors based on artificial sniffing. *ACS Sensors,* **8(12)**, 4494-4503.
7) ブルックス，R.　五味隆志（訳）(2006). ブルックスの知能ロボット論——なぜ MIT のロボットは前進し続けるのか？　オーム社
8) ペンローズ，R.　林一（訳）(1994). 皇帝の新しい心——コンピュータ・心・物理法則　みすず書房
9) メンデル，G.　若槻邦男・須原準平（訳）(1999). 雑種植物の研究　岩波書店
10) ブロノフスキー，J.　道家達将・岡喜一（訳）(1987). 人間の進歩——200 万年人類の旅　法政大学出版局
11) Gell-Mann, M. (1962). Symmetries of Baryons and Mesons. *Physical Review,* **125**, 1067-1084.
12) 井筒俊彦 (1991). 意識と本質——精神的東洋を求めて　岩波書店
13) デュ・ソートイ，M.　冨永星（訳）(2018). 知の果てへの旅　新潮社
14) Sánchez-Amaro, A., & Rossano, F. (2023). Comparative curiosity: How do great apes and children deal with uncertainty? *PloS one,* **18(5)**, e0285946. doi: 10.1371/journal.pone.0285946
15) Gable, S. L., Hopper, E. A., & Schooler, J. W. (2019). When the Muses strike: Creative ideas of physicists and writers routinely occur during mind wandering. *Psychological Science,* **30(3)**, 396-404.
16) Weber, S., Aleman, A., & Hugdahl, K. (2022). Involvement of the default mode network under varying levels of cognitive effort. *Scientific Reports,* **12(1)**, 6303.
17) Menon, V. (2023). 20 years of the default mode network: A review and synthesis. *Neuron,* **111**, 2469-2487.

第 10 章

1) 大橋力 (2017). ハイパーソニック・エフェクト　岩波書店
2) Hammoud, R. *et al.* (2022). Smartphone-based ecological momentary assessment reveals mental health benefits of birdlife. *Scientific Reports,* **12(1)**, 17589.
3) Khait, I. *et al.* (2023). Sounds emitted by plants under stress are airborne and informative. *Cell,* **186(7)**, 1328-1336. e10. doi: 10.1016/j.cell.2023.03.009
4) Adamatzky, A. (2022). Language of fungi derived from their electrical

spiking activity. *Royal Society Open Science,* **9**(**4**), 211926. doi: 10.1098/rsos.211926

5) Berman, M. G., Jonides, J., & Kaplan, S. (2008). The cognitive benefits of interacting with nature. *Psychological Science,* **19**(**12**), 1207-1212.

6) Schertz, K. E., & Berman, M. G. (2019). Understanding nature and its cognitive benefits. *Current Directions in Psychological Science,* **28**(**5**), 496-502.

7) van Praag, H., Kempermann, G., & Gage, F. H. (2000). Neural consequences of environmental enrichment. *Nature reviews. Neuroscience,* **1**(**3**), 191-198.

8) Clemenson, G. D., Deng, W., & Gage, F. (2015). Environmental enrichment and neurogenesis: From mice to humans. *Current Opinion in Behavioral Sciences,* **4**, 56-62.

9) ベン＝ナイム，A.　小野嘉之（訳）(2015)．エントロピーの正体　丸善出版

10) シャノン，C. E., ウィーバー, W.　植松友彦（訳）(2009)．通信の数学的理論　筑摩書房

11) 沙川貴大（2022）．非平衡統計力学――ゆらぎの熱力学から情報熱力学まで　共立出版

12) Coutrot, A. *et al.* (2022). Entropy of city street networks linked to future spatial navigation ability. *Nature,* **604**, 104-110.

13) McDonnell, A. S., & Strayer, D. L. (2024). Immersion in nature enhances neural indices of executive attention. *Scientific Reports,* **14**, 1845.

14) ハイゼンベルク，W.　山崎和夫（訳）(1999)．部分と全体――私の生涯の偉大な出会いと対話（新装版）　みすず書房

15) Taylor, R. P. (2006). Reduction of physiological stress using fractal art and architecture. *Leonardo,* **39**(**3**), 245-251.

16) Taylor, R. P., Spehar, B., Van Donkelaar, P., & Hagerhall, C. M. (2011). Perceptual and Physiological Responses to Jackson Pollock's Fractals. *Frontiers in Human Neuroscience,* **5**, 60. doi: 10.3389/fnhum.2011.00060

17) Le, A. T. D. *et al.* (2017). Discomfort from urban scenes: Metabolic consequences. *Landscape and Urban Planning,* **160**, 61-68.

18) Robles, K. E., Gonzales-Hess, N., Taylor, R. P., & Sereno, M. E. (2023). Bringing nature indoors: Characterizing the unique contribution of fractal structure and the effects of Euclidean context on perception of fractal pat-

terns. *Frontiers in Psychology,* **14**, 1210584. doi: 10.3389/fpsyg.2023.1210584

第 11 章

1) Parncutt, R. (2014). The emotional connotations of major versus minor tonality: One or more origins? *Musicae Scientiae,* **18(3)**, 324-353.
2) Virtala, P., & Tervaniemi, M. (2017). Neurocognition of major-minor and consonance-dissonance. *Music Perception,* **34(4)**, 387-404.
3) Virtala, P., Huotilainen, M., Partanen, E., Fellman, V., & Tervaniemi, M. (2013). Newborn infants' auditory system is sensitive to Western music chord categories. *Frontiers in Psychology,* **4**, 492. doi: 10.3389/fpsyg.2013.00492
4) Di Stefano, N., Vuust, P., & Brattico, E. (2022). Consonance and dissonance perception. A critical review of the historical sources, multidisciplinary findings, and main hypotheses. *Physics of Life Reviews,* **43**, 273-304.
5) ボオドレール，S.　鈴木信太郎（訳）(1961). 悪の華　岩波書店
6) 司馬遼太郎（2009). 街道をゆく 30　愛蘭土紀行 I（新装版）　朝日新聞出版
7) ジョイス，J.　丸谷才一・永川玲二・高松雄一（訳）(2003). ユリシーズ I ～IV　集英社
8) 洲之内徹（1985). 人魚を見た人――気まぐれ美術館　新潮社
9) 譽田亜紀子　スソアキコ（画）(2021). 知られざる古墳ライフ――え？ハニワって古墳の上に立ってたんですか!?　誠文堂新光社
10) Silvester, H. (2008). *Natural fashion: Tribal decoration from Africa.* Thames & Hudson.
11) 木村重信　門田修（写真）(1983). サハラの岩面画――タッシリ・ナジェールの彩画と刻画　写真集　日本テレビ放送網
12) 北杜夫（1975). 少年　中央公論社

著者紹介
傳田光洋（でんだ　みつひろ）
1960 年　神戸市生まれ.
1985 年　京都大学工学部工業化学科を経て同大学院工学研究科分子工学専攻修士課程修了.
1994 年　京都大学工学博士.
カリフォルニア大学サンフランシスコ校研究員，広島大学客員教授などを経て，
現　在　明治大学先端数理科学インスティテュート客員研究員.
著書に，『皮膚は考える』（岩波書店，2005 年），『第三の脳——皮膚から考える命，こころ，世界』（朝日出版社，2007 年），『皮膚感覚と人間のこころ』（新潮社，2013 年），『サバイバルする皮膚——思考する臓器の 7 億年史』（河出書房新社，2021 年）ほか.

境界で踊る生命の哲学
——皮膚感覚から意識，言語，創造まで

2025 年 3 月 14 日　初　版

［検印廃止］

著　者　傳田光洋

発行所　一般財団法人　東京大学出版会

代表者　中島隆博

153-0041 東京都目黒区駒場4-5-29
https://www.utp.or.jp/
電話　03-6407-1069　Fax 03-6407-1991
振替　00160-6-59964

組　版　有限会社プログレス
印刷所　株式会社ヒライ
製本所　誠製本株式会社

ISBN 978-4-13-013084-4　Printed in Japan